Si bien se han tomado todas las previsiones posibles en la concepción y redacción de este libro, el editor no asume ninguna responsabilidad por los errores u omisiones, o por los daños que resulten del uso de la información contenida en el mismo.

¿CÓMO ENSEÑAR CON ZOOM?

AF884942

Primera edición. 31 de julio de 2020.

Título en inglés: "Teaching Effectively with Zoom", escrito por Dan Levy.

Traducción: Guillermo Tovar.

Copyright © 2020 Dan Levy.

Escrito por Dan Levy.

Zoom es una marca comercial de Zoom Video Communications, Inc. El autor no está afiliado a Zoom Video Communications, Inc. y esta guía didáctica fue escrita sin el respaldo de Zoom Video Communications, Inc.

E-ISBN: 978-1-7353408-2-1

ISBN: 978-1-7353408-3-8

La pandemia de COVID-19 ha obligado a millones de docentes de escuelas primarias, secundarias, institutos y universidades de todo el mundo a replantearse los principios básicos de su oficio. ¿Cómo podemos facilitar el aprendizaje a través de una corriente de electrones que produce imágenes borrosas y audio retardado? Cada uno de nosotros debería leer "¿Cómo enseñar con Zoom?". Escrito por uno de los docentes más efectivos, Dan Levy ofrece una guía muy práctica sobre cómo utilizar las numerosas funciones de la plataforma omnipresente Zoom -desde las votaciones hasta los chats y las sesiones de grupos pequeños- para lograr una amplia gama de objetivos pedagógicos. Este libro, sin duda alguna, te hará mejor docente en Zoom, pero también te hará mejor docente en el aula cuando ya no tengamos que depender de Zoom.

– Archon Fung

Winthrop Laflin McCormack Docente
y ex Decano Académico de la Escuela Kennedy de Harvard, Universidad de Harvard

Gracias, Dan Levy, por llevarnos más allá de los fondos de pantalla y las sesiones de grupos pequeños, y por poner la experiencia del estudiante en el centro de la discusión de aprendizaje en línea. El repentino cambio inducido por COVID-19 hacia el e-learning ha sido una sacudida feroz. En un abrir y cerrar de ojos, los métodos utilizados por los maestros de primaria y secundaria para evaluar la comprensión de los estudiantes en tiempo real, conseguir que los estudiantes colaboren en problemas interesantes y significativos, y mantener el aprendizaje emocionante y creativo han sido eliminados. En su guía, Levy combina una sólida base de la ciencia del aprendizaje -con ejemplos de la vida real de su aula y la de sus colegas- para poner de nuevo al alcance de la mano esos objetivos centrados en el estudiante. ¡Y las técnicas son fáciles de implementar! Mientras leía, no dejaba de pensar: "¡Puedo hacerlo!". Revisa el capítulo 4 sobre la variedad de formas de usar las votaciones para comprobar rápidamente la comprensión de los estudiantes. En mi carrera como maestro de escuela primaria y secundaria, líder de instrucción y entrenador de maestros, siempre me he preguntado cuánta atención prestan los docentes de educación superior a los resultados de la enseñanza. En 15 años conversando con Dan acerca de la docencia, puedo decir con gran confianza que está 'obsesionado' con el aprendizaje de sus estudiantes, y estoy agradecido de que haya dirigido su energía hacia esta guía absolutamente esencial. Léela hoy, ¡y llega a más estudiantes mañana!

– Dave Meyers

Presidente y cofundador de Teachers Connect

Esta guía eminentemente práctica y de fácil lectura ofrece una sabiduría pedagógica que facilitará la entrada de los recién iniciados en la enseñanza en línea, y da, incluso a los docentes experimentados, algunas estrategias y consejos novedosos. A medida que Dan Levy revela su propia jornada de enseñanza en línea, comparte una gran cantidad de explicaciones detalladas, marcos de trabajo y práctica fundamentada. Su enfoque del libro refleja sus compromisos como educador y colega: cuando el aprendizaje de los estudiantes es la meta número uno, una enseñanza efectiva viene detrás.

– Allison Pingree
Entrenador Docente Senior, Universidad de Harvard

A mi familia, por su amor y apoyo incondicional.

A mis estudiantes, por inspirarme constantemente a ser un mejor maestro.

Prólogo

Al encontrarte con este libro, puede que te preguntes: "¿Quién es exactamente Dan Levy, y por qué un economista que enseña estadística en Harvard está calificado para escribir un libro sobre la enseñanza en línea? ¿Es un libro que vale la pena leer?" Estas son preguntas razonables. Y voy a hacer todo lo posible por responderlas.

Conocí a Dan en 2009, cuando me permitió auditar su clase de Métodos Cuantitativos y Análisis Empírico para llenar un vacío en mis conocimientos estadísticos. En la primera sesión de la clase, quedé entusiasmado con el contenido, pero impresionado aún más por la forma de enseñanza. Un elegante plan de clase. Los estudiantes participando activamente. Preguntas que invitaban a la reflexión profunda. La tecnología utilizada para despertar el interés del estudiante y hacer visible su pensamiento. Una seriedad de propósito, junto con humor y alegría. Fue una experiencia memorable.

Dan me buscó al final de la clase, y sabiendo que yo estudiaba pedagogía, me preguntó si tenía algún comentario. Compartí algunas cosas que me inspiraron y me forcé a proponerle algunos elementos de su clase que podrían ser modificados o cambiados. Me preguntó si estaría dispuesto a proporcionar esta información después de cada clase, y acepté. La estadística se convirtió rápidamente en secundaria cuando Dan y yo entablamos un diálogo a lo largo del semestre sobre excelencia docente. Y hemos estado hablando de la docencia desde entonces, durante mis años como entrenador docente en la Escuela Kennedy de Harvard (HKS) y ahora en la Escuela de Educación de Harvard (HGSE).

Una forma de definir e identificar la excelencia en la enseñanza es mirar el producto. ¿Qué tan bien elaborado está el programa de estudios? ¿Cómo evalúan los estudiantes y los colegas la calidad de la enseñanza? ¿Cuánto aprenden los estudiantes? Dan sobresale en este ámbito. Utilizo su programa de estudios como uno de mis ejemplos cuando trabajo con nuevos docentes. Los estudiantes de Dan califican constantemente su curso como fuera de serie. En un curso obligatorio de estadística con 60 estudiantes, donde tanto las palabras "obligatorio" como "estadística" son elementos que no favorecen al instructor, Dan una vez logró que cada estudiante le diera la mejor calificación (en una escala de cinco puntos) en cuanto a la calidad general de la instrucción, algo que nunca había visto antes ni he visto desde entonces. Ha ganado premios de enseñanza en Harvard, y es uno de los docentes destacados en Instructional Moves, un proyecto iniciado en Harvard para ayudar a los educadores de todo el mundo a incorporar y mejorar las prácticas de enseñanza. Dan ha sido seleccionado para dirigir iniciativas pedagógicas y programáticas de alto perfil en HKS, y ha dirigido talleres sobre pedagogía en Estados Unidos y alrededor del mundo.

Otra forma de enmarcar la excelencia docente es verla como un proceso de mejora continua. En su esencia, es un proceso de identificación de metas para ti y tus estudiantes, midiendo qué tan bien se cumplieron las metas, y luego trabajando incansablemente para cerrar la brecha entre lo aspirado y lo real. Puedo decir honestamente que nunca he conocido a un educador más comprometido con la mejora continua que Dan. Él analiza el rendimiento de los estudiantes, revisa constantemente las evaluaciones de los alumnos, solicita retroalimentación adicional de los estudiantes, y lee libros de pedagogía. Se involucra en extensas conversaciones con sus colegas sobre la enseñanza, realiza numerosas visitas para observar -en el aula- a otros docentes de la universidad, y tiene una política de puertas abiertas para que sus colegas lo observen enseñar. Cuando se enfrenta a un reto pedagógico particularmente importante, Dan dirige su enfoque académico a su propia enseñanza. Ha realizado y publicado estudios sobre la mejor manera de conseguir que los estudiantes se preparen para clase, cómo obtener las opiniones de los estudiantes a través de diferentes mecanismos de votación, y cómo convertir los exámenes en experiencias de aprendizaje significativas, en lugar de ser sólo un medio para medir el aprendizaje. Luego, aplica estos nuevos hallazgos al servicio del aprendizaje de sus estudiantes.

Dan también aplica este enfoque a la enseñanza con tecnología. Ha trabajado para incorporar elementos híbridos en sus clases presenciales. Cuando no pudo encontrar las herramientas adecuadas para conocer mejor a sus estudiantes y sus patrones de participación en clase, cofundó Teachly, una aplicación web destinada a ayudar a los docentes a enseñar de forma más efectiva e inclusiva. Se ofreció como voluntario para ser el co-director docente del Comité de Investigación de HarvardX, que se centró en la promoción de la investigación sobre el aprendizaje en línea, y en la actualidad es el director docente de la iniciativa insignia de la Escuela Kennedy de Harvard sobre la educación virtual.

La pandemia mundial llegó, poniendo al mundo en general y al mundo de la educación en particular patas arriba. Dan estaba listo para responder.

Empezó a trabajar en los problemas que surgieron: ¿Necesito modificar mis objetivos y mis evaluaciones? ¿Cómo debo equilibrar los enfoques sincrónicos y asincrónicos? ¿Qué herramientas debo utilizar? ¿Cómo desarrollo experiencias que construyan un sentido de comunidad y unidad cuando las personas están solas con sus propios dispositivos electrónicos? ¿Cómo creo las condiciones para un compromiso de calidad y rigor intelectual? ¿Cómo atiendo los temas de acceso y equidad para todos mis estudiantes?

Dan consultó la literatura existente. Aunque encontró muchas buenas ideas, también encontró algunos vacíos notables, en particular sobre la mejor manera de aprovechar las herramientas de enseñanza sincrónica como Zoom para crear experiencias de aprendizaje eficaces. Estos vacíos son comprensibles. Las herramientas en línea a nuestra disposición y la facilidad de la gente para usarlas continúan evolucionando a un ritmo veloz.

Así que Dan se sumergió más profundamente. Intentó digerir y dar sentido al diluvio de consejos de cómo enseñar en línea que surgen a diario. Consultó a expertos en aprendizaje en línea en todo el campus y más allá. Le surgieron nuevas ideas que compartió con sus colegas. Experimentó y recogió retroalimentación sobre los distintos enfoques. Entrevistó a estudiantes para obtener su perspectiva sobre los diversos enfoques que sus docentes estaban tomando. Finalmente, cuando él y una colega transformaron rápida y exitosamente un excelente programa de educación ejecutiva a un formato virtual, nació la idea de escribir este libro. Bien me lo dijo Dan: "Un libro que pueda ser una fuente única para docentes ocupados que quieren enseñar bien usando una herramienta como Zoom, tiene que estar ahí afuera, y no pude encontrarlo. Así que siento que yo debería hacer lo mejor que pueda para escribirlo".

Los frutos de ese compromiso, y todo el trabajo que siguió, dieron lugar a esta guía, que representa el enfoque docente de Dan. Céntrate, ante todo, en el aprendizaje. Comienza con tus metas y trabaja hacia atrás. Atiende con el mismo cuidado los detalles que el panorama general. Trata la enseñanza como una profesión, amplía las herramientas a tu disposición y aprende a discernir cuándo y cómo usarlas. Piensa bien sobre las variaciones en tu contexto y sus implicaciones. Haz todo lo que puedas para que los estudiantes se sientan comprometidos, incluidos y empoderados en su aprendizaje.

Al ser alguien dedicado a ayudar a los docentes de educación superior a mejorar su práctica, estoy encantado de tener este libro para compartir con mis colegas. Al ser alguien que anteriormente enseñó en la escuela secundaria y que está casado con alguien que se dedica a entrenar maestros de escuela, estoy igualmente entusiasmado sobre cómo las ideas de este libro pueden agregar valor a los educadores de primaria y secundaria. El regalo que recibí como observador y compañero de pensamiento en la clase de estadística de Dan -compartir sus ideas, su curiosidad y su humanidad- está ahora disponible para ti. Espero y confío en que te beneficies de él tanto como yo lo he hecho.

– *Josh Bookin*
Director Asociado, Apoyo y Desarrollo Docente
Escuela de Educación de Harvard

Prefacio

A principios del 2020, debido a COVID-19, muchas escuelas y universidades en todo el mundo cerraron, y muchos maestros y docentes tuvimos que aprender a enseñar en línea a toda prisa. Desde entonces, se ha escrito mucho acerca de cómo nosotros los docentes deberíamos enseñar sesiones en línea en vivo y cómo deberíamos aprender los diferentes aspectos de la tecnología involucrada. ¿Cómo configuramos las ventanas en nuestras pantallas cuando enseñamos en línea? ¿Deberíamos usar la función de chat? ¿Usamos las sesiones de grupos pequeños, y si es así, cómo? Para muchos de nosotros, fue abrumador. Incluso paralizante.

Este libro es un intento de ayudar a los educadores a dar un paso atrás y dar sentido a todo este caos. Mi esperanza es proporcionarte algunos principios y prácticas pedagógicas útiles que me han servido a mí y a algunos de mis colegas, y que espero que te guíen en tu trayecto para desarrollar tus habilidades de enseñanza en línea. Con el fin de ayudar a que puedas aplicar inmediatamente las ideas de este libro, he incluido capturas de pantalla para ilustrar cómo implementar algunas prácticas claves en Zoom. Pero debido a que la tecnología está evolucionando rápidamente, algunas de las instrucciones sobre cómo implementar estas prácticas (incluyendo enlaces a videos y grabaciones de pantalla) se describen en el sitio web complementario (https://www.teachingeffectivelywithzoom.com/), que puede actualizarse más rápidamente que el libro. El sitio web complementario también contiene enlaces a recursos adicionales, incluidas lecturas y listas de control (*checklists*).

Independientemente de si eres un novato o un experto en la enseñanza en línea, espero que descubras algo de valor en el libro. Si estás recién comenzando, espero que encuentres algunas ideas, las pruebes y luego experimentes con ideas adicionales más adelante en tu jornada. También espero que este libro te ayude a concentrarte en las cosas más importantes y te proporcione una hoja de ruta en tus esfuerzos para aprender a enseñar en línea. Sugerencia: Pasar 15 horas moviendo monitores en tu escritorio, preguntándote cómo configurar las diferentes ventanas de Zoom y experimentando dónde colocar el micrófono no es un uso eficiente de tu tiempo. ¡Aprendí esto en carne propia! Si eres un experto en la enseñanza en línea, espero que algunos de los metaconsejos que aquí se presentan te sean de utilidad y que recojas algunos consejos para mejorar tus prácticas ya bien desarrolladas.

El libro se basa en mi propia experiencia enseñando en línea, en las observaciones de varios colegas que enseñan en línea, en principios basados en la investigación de la enseñanza y el aprendizaje efectivos y, quizás de igual importancia, en entrevistas con docenas de estudiantes que recientemente experimentaron el aprendizaje en línea por primera vez y que también tuvieron que adaptarse, a toda prisa, a esta forma de aprendizaje.

¿Para quién es este libro? Enseño en una universidad, así que una audiencia natural es la gente con responsabilidades de enseñanza en universidades (profesores, entrenadores de instrucción, asistentes de enseñanza, etc.). Pero después de observar a mis hijas pasar por más de un puñado de clases en Zoom en estas últimas semanas, estoy convencido de que los docentes de primaria y secundaria también podrán encontrar valor en este libro.

El enfoque principal del libro es cómo llevar a cabo clases virtuales en vivo de forma efectiva. Estoy consciente de que la clase en vivo -la actividad en la que tú y tus estudiantes participan juntos de forma sincronizada- es sólo una parte del gran ecosistema de la enseñanza en línea que típicamente incluye tareas y actividades asincrónicas antes y después de la clase. Y soy un gran creyente de que la mejor enseñanza en línea ocurre cuando combinamos enfoques sincrónicos y asincrónicos, y utilizamos cada uno de ellos tomando en cuenta sus ventajas comparativas (ver capítulo 10). Pero ya hay muchas buenas referencias generales para la enseñanza en líneaı y mi sensación es que lo que más se necesita en este momento es orientación sobre cómo diseñar y realizar eficazmente sesiones virtuales en vivo, que sean excelentes experiencias de aprendizaje para nuestros estudiantes.

¿Por qué Zoom? Es la plataforma predominante en este momento. Haberme enfocado en Zoom hará que los consejos de este libro sean más concretos y prácticos. Sin embargo, muchos de los consejos en este libro también se pueden aplicar a muchas otras plataformas utilizadas para enseñar sesiones en vivo, como Webex, BigBlueBotton, Google Hangouts, Microsoft Teams, y otros.

El libro está organizado de la siguiente manera. La **Parte I** proporciona una introducción y una breve visión general de los principios fundamentales que espero que puedan guiar tu jornada de enseñanza en línea. La **Parte II** revisa las formas en que los estudiantes pueden participar en una clase en línea en vivo (hablar, votar, escribir, trabajar en grupo y compartir su trabajo) y la(s) herramienta(s) de Zoom correspondiente(s) involucrada(s). En la **Parte III** se revisan las formas en que tú, como docente, puedes participar cuando enseñas una sesión en vivo y la(s) herramienta(s) de Zoom correspondiente(s) disponible(s). Se centra en la presentación (diapositivas u otro material) y en la anotación. La decisión de abordar primero las formas en que los estudiantes pueden participar, antes que las formas en que tú puedes participar, es deliberada: refleja una creencia subyacente en este libro, y en mi propia enseñanza, de que el estudiante viene primero. También ayuda a combatir nuestra tendencia natural como docentes de pasar la mayor parte de nuestro tiempo pensando en lo que haremos en clase, en lugar de en lo que harán nuestros estudiantes. La **Parte IV** está pensada para ayudar a poner algunas de las lecciones que aprendiste en un contexto más amplio y para resumir las enseñanzas del resto del libro.

En los últimos años, he leído varios libros sobre la enseñanza y el aprendizaje que han influido en mi forma de enseñar. Me gustaría mencionar dos en particular: *Teaching with Classroom Response Systems,* por Derek Bruff (2009) y *Small Teaching,* por Jim Lang (2016). Mientras leía estos libros, mi cerebro constantemente encontraba formas de aplicar, adaptar o ajustar algunas de sus ideas a mi propia enseñanza. Fue muy estimulante. Mi esperanza es que tu experiencia al leer este libro sea similar. Espero que se te ocurran muchas ideas para implementar en tu enseñanza en línea.

Si este libro te inspira a hacer algo que te parezca interesante o emocionante al enseñar en línea y que se traduzca en que tus estudiantes participen y aprendan más, por favor envíame una nota contándome sobre ello. ¡Nada sería más gratificante para mí!

Dan Levy
Cambridge, MA.
Junio de 2020

Agradecimientos

Me gustaría reconocer la ayuda de muchas personas que han hecho posible este libro. Siete personas merecen una mención especial. En primer lugar, mi amigo, colega y docente de la Escuela de Negocios de Harvard, Mike Toffel, quien me proporcionó retroalimentación profunda sobre cada capítulo del libro, ayudó a refinar mi pensamiento y me apoyó de muchas maneras durante el proceso de escritura. En segundo lugar, mi estudiante Ruth Hütte, quien se comprometió de todo corazón con este proyecto y contribuyó al libro de muchas maneras, incluyendo todo lo necesario para hacer que fuese accesible a la mayor cantidad de educadores posible. Tercero, Yamile Nesrala, quien fue una excelente y cuidadosa editora, y se comprometió a ser una compañera en el proyecto más allá de lo que hace un editor normalmente. Cuarto, Teddy Svoronos, un colega y amigo cuyo uso de la tecnología para enseñar eficazmente es insuperable, y que amable y pacientemente respondió a muchas de mis preguntas mientras escribía. Quinto, mi estudiante Guillermo Tovar, quien se comprometió con entusiasmo a traducir el libro al español rápidamente, para que pudiera llegar a más docentes de habla hispana. Sexto, mi hermana Vanessa Levy, periodista de profesión, quien revisó en detalle esta edición en español buscando lograr con increíble dedicación el difícil equilibrio entre ser fiel al libro original y reflejar las ideas de la forma más clara posible. Por último, pero no menos importante, Victoria Barnum, quien lideró el esfuerzo de producir el sitio web complementario y me ayudó a disponer del tiempo necesario para escribir.

Me gustaría agradecer a todos los educadores que me permitieron aprender de sus prácticas de enseñanza en línea, observando cómo enseñan y/o hablando con ellos, incluyendo a Carrie Conaway, David Eaves, Terry Fisher, Marshall Ganz, Jim Honan, Dutch Leonard, Zoe Marks, Rebecca Nesson, Rem Koning, Shoshanna Kostant, Kathy Pham, Allison Shapira, Mark Shepard, Teddy Svoronos, Mitch Weiss y Julie Wilson. Algunos de ellos aparecen en las secciones "En la práctica" del libro.

También estoy agradecido con muchos colegas que han influido en mis perspectivas de enseñanza, entre ellos Alberto Abadie, Bharat Anand, Matt Andrews, Arthur Applbaum, Chris Avery, Mary Jo Bane, Matt Baum, Erin Baumann, Bob Behn, Joe Blitzstein, Iris Bohnet, Derek Bok, Peter Bol, Josh Bookin, Jonathan Borck, Dana Born, Matt Bunn, Filipe Campante, Gonzalo Chavez, Suzanne Cooper, Anjani Datla, Jorrit de Jong, Akash Deep, Pinar Dogan, Jack Donahue, Susan Dynarski, Erin Driver-Linn, Greg Duncan, David Ellwood, Doug Elmendorf, Mark Fagan, Carol Finney, Maria Flanagan, Jeff Frankel, John Friedman, Archon Fung, Alan Garber, Patricia García-Ríos, Steve Goldsmith, Tony Gomez-Ibañez, Merilee Grindle, John Haigh, Sarah Hamma, Rema Hanna, Frank Hartmann, Ricardo Hausmann, Ron

Heifetz, Andrew Ho, Daniel Hojman, Jim Honan, Kessely Hong, Deborah Hughes Hallett, Anders Jensen, Doug Johnson, Tom Kane, Felipe Kast, Steve Kelman, Alex Keyssar, Adnan Khan, Asim Khwaja, David King, Gary King, Mae Klinger, Steve Kosack, Maciej Kotowski, Michael Kremer, Robert Lawrence, Henry Lee, Dutch Leonard, Jennifer Lerner, Jeff Liebman, Dick Light, Rob Lue, Erzo Luttmer, David Malan, Brian Mandell, Jane Mansbridge, Tarek Masoud, Janina Matuszeski, Quinton Mayne, Eric Mazur, Tim McCarthy, David Meyers, Matt Miller, Nolan Miller, Francisco Monaldi, Mark Moore, José Ramón Morales, Juan Nagel, Angélica Natera, Tim O'Brien, Rohini Pande, Tom Patterson, Allison Pingree, Roger Porter, Samantha Power, Lant Pritchett, Todd Rakoff, Fernando Reimers, Hannah Riley-Bowles, Juan Riveros, Chris Robert, Chris Robichaud, Dani Rodrik, Todd Rogers, Lori Rogers-Stokes, Eric Rosenbach, Jay Rosengard, Soroush Saghafian, Tony Saich, Miguel Angel Santos, Jeff Seglin, Kathryn Sikkink, Judy Singer, Malcolm Sparrow, Rob Stavins, Guy Stuart, Arvind Subramanian, Karti Subramanian, Moshik Temkin, Dustin Tingley, Tamara Tiska, Rodrigo Wagner, Jim Waldo, Steve Walt, Michael Walton, Lee Warren, Rob Wilkinson, Julie Wilson, Carolyn Wood, Michael Woolcock, Josh Yardley, Andrés Zahler, David Zavaleta, Richard Zeckhauser y Pete Zimmerman.

Muchos estudiantes me proporcionaron valiosas ideas para el libro, incluyendo, pero no solamente, a Diego Auvert, Nicole Carpentier, Roukaya El Houda, Jossie Fahsbender, Maria Fayos Herrera, David Franklin, Sophie Gardiner, Catri Greppi, Fatine Guedira, Varun Gupta, Anastacia Kay, Casey Kearney, Chris Kranzinger, Shiro Kuriwaki, Julia Liniado, Megan Linquiti, Zainab Raji, Eki Ramadhan, Alicia Sikiric, Racceb Taddesse, Jiawen Tang, Montse Trujillo, Beatriz Vasconcellos, Hannah Wang, y muchos otros que participaron en grupos de discusión y sesiones informales que dirigí. Sus perspectivas, percepciones y franqueza contribuyeron enormemente a desarrollar mis puntos de vista y mis perspectivas.

Estoy agradecido con otras personas que me ayudaron de otras formas a escribir este libro, incluyendo a Manuel Alcalá, James Brockman, Piet Cohen, Mireya Damas, Mayra Delgado, Kate Hamilton, Andy Levi, Horace Ling, Anne Margulies, Maddie Meister, Valeria Mendiola, David Meyers, Anna Shanley, Kristin Sullivan e Ian Tosh.

Por último, estoy muy agradecido con Josh Bookin, Allison Pingree y Carolyn Wood por influir tan positivamente en quién soy como maestro, por apoyarme de tantas maneras durante la última década, por ayudarme a lo largo del proceso de escritura de este libro y por no decirme "esto es una locura" cuando les dije que quería escribir este libro y que tenía que hacerlo en un mes para que le fuera útil al mundo.

Tabla de contenidos

PARTE I – IDEAS CLAVE

Esta parte proporciona el marco general para el resto del libro. El capítulo 1 introduce el libro, explica de qué trata, sus fuentes clave, su enfoque y cómo está organizado. Termina con una sección sobre cómo empezar con Zoom. El capítulo 2 expone los principios pedagógicos clave que fundamentan a las prácticas de enseñanza y muchos de los consejos proporcionados en este libro.

[illegible]

Capítulo 1 – Introducción

La mayoría de los lectores de este libro *no* eligieron enseñar en línea. La mayoría de nosotros fuimos forzados a hacerlo por Covid-19. Espero que para el final de este libro hayas adquirido habilidades para mejorar la forma en que enseñas en línea y, tal vez, incluso, algo de apreciación por las cosas que se pueden hacer mejor en línea que en persona. Pero quiero comenzar este libro reconociendo la profunda sensación de pérdida que muchos de nosotros, como educadores, estamos experimentando en la transición del aula física al aula virtual.

La experiencia de enseñar una clase en persona puede ser profundamente humana. Antes de que empiece la clase presencial, puedes charlar con algunos estudiantes cerca, dar una cálida bienvenida a otros cuando entran en la sala, notar a un estudiante que parece cansado o triste e ir a ver cómo está, escuchar que un estudiante al entrar nos dice algo que le pasó durante el fin de semana que le recordó nuestra clase, y así sucesivamente. Cuando los estudiantes entran, se saludan entre ellos, se sientan y comienzan a hablar con otros estudiantes a su alrededor. No es inusual observar risas y alegría, y a veces lágrimas. Puedes sentir la energía en el aula; a veces alta, a veces baja, pero puedes sentirla.

Al comenzar la clase en un aula física, puedes empezar a presentar o explicar algo, y tal vez dar por sentado que estar con tus estudiantes en el mismo espacio físico ayuda a definir tanto la geografía espacial a tu disposición como los límites de tu comunidad de aprendizaje. Sabes que María, que se sienta al fondo de la sala, tuvo una semana difícil y podrías tratar de involucrarla de una manera diferente hoy. A medida que la clase progresa, puedes referirte a una observación que Patricia, que se sienta a tu derecha, hizo hace unos minutos. Y puedes caminar por la sala y usar lenguaje verbal y no verbal para comunicarte con tus estudiantes. Puedes acercarte a Juan con una sonrisa amable o una mirada severa (dependiendo de tu estilo) cuando quieras que deje de hacer lo que esté haciendo. Juan se dará cuenta y verá que lo estás mirando a él y a nadie más. A medida que la clase avanza, los estudiantes interactúan contigo y con los demás de forma natural y humana. Pueden reírse de algo gracioso, y todos en la sala escuchan esa risa. Y sí, pueden interrumpir o perturbar la clase de formas que pueden no gustarte. Pero es una experiencia humana, similar en muchos aspectos a la que puedes tener cuando te reúnes con un grupo de personas en cualquier lugar. No hay necesidad de que nadie active el micrófono o pulse un botón para expresar espontáneamente sus reacciones a lo que sucede en vivo en la clase.

Al terminar la clase, te quedas en el aula un rato más, y puede que algunos estudiantes vengan y te hagan una pregunta, hagan un comentario o simplemente se despidan. Al salir de la sala, puede que te encuentres con uno o dos colegas y te pongas al día con ellos.

A pesar de los notables avances tecnológicos de la última década, la experiencia de enseñar una clase virtual en vivo en este momento se siente muy diferente. El aula física parece haber sido aplanada sobre la pantalla de una computadora. Si tienes más de un puñado de estudiantes, normalmente se silencian y sólo activan el micrófono cuando hablan con la clase. El diálogo se siente menos natural. No se puede oír la risa espontánea en la sala. Y a pesar de tus mejores intenciones, Juan no puede sentir que lo estás mirando a él y sólo a él.

Así que, aunque muchos educadores y líderes educativos nos están animando con cierta razón a aprovechar las oportunidades que ofrece la educación virtual, creo que es difícil hacerlo sin reconocer primero esta pérdida.

Otra pérdida que es importante reconocer es la que están experimentando nuestros estudiantes. Una vez más, muchos de ellos no eligieron aprender en línea. Y aunque sean más sofisticados digitalmente que muchos de nosotros, ellos también se perderán muchas de las cosas descritas anteriormente y más. Echarán de menos las interacciones con los demás y las conexiones espontáneas, tan importantes para una educación integral.

Así que mi primer consejo antes de que continúes leyendo este libro es que te detengas un momento a reflexionar sobre estas pérdidas y lo que significan para ti en particular. Hacerlo te permitirá identificar los valores que quieres promover en tu enseñanza en línea, y te pondrá en una mejor posición para aceptar sus desafíos. También hará que tu lectura de este libro sea más productiva y agradable.

De lo que se trata este libro

Este libro trata de ayudarte a enseñar sesiones en línea efectivas en vivo con tus estudiantes usando Zoom. Tanto si elegiste enseñar en línea como si te viste obligado a hacerlo debido al cierre de instituciones escolares, espero que este libro te proporcione alguna guía e ideas sobre cómo enseñar de forma efectiva a distancia. Hay tantos consejos que pueden ser abrumadores. Y además, hay una cantidad cada vez mayor de tecnología que manejar. Parte de mi objetivo al escribir este libro es ayudarte a concentrarte en lo que es importante. Tienes un tiempo limitado. No puedes pasar incontables horas buscando en Google cómo enseñar en Zoom. Intenté tener esta realidad en mente mientras escribía el libro.

El libro no es una guía comprensiva de todo lo que puedes hacer en Zoom para enseñar una sesión virtual en vivo, sino más bien una guía sobre dónde enfocar tu atención y tu tiempo limitado. El punto central es que, al final del día, estás ahí para ayudar a tus estudiantes a aprender. Punto. Es así de simple. La tecnología es sólo el vehículo. Necesitas dominar un poco el uso de la tecnología para que puedas concentrarte en ese objetivo. Pero no necesitas convertirte en un experto en Zoom para hacer esto bien.

El libro se enfoca en algunos principios y prácticas pedagógicas útiles que nos han servido bien a mí y a algunos de mis colegas, y que espero que te guíen en tu jornada para desarrollar tus habilidades de enseñanza en línea. Utilizo el término "desarrollar tus habilidades de enseñanza en línea" deliberadamente. Me gustaría estimularte a pensar que este es un proceso en el que mejorarás con la preparación y la práctica, al igual que lo has hecho con otros aspectos de tu trabajo.

En resumen, mis objetivos al escribir este libro son darte algunas ideas, empoderarte y, en última instancia, inspirarte a enseñar de forma efectiva con Zoom. Mi objetivo no es abrumarte o intentar convertirte en un experto en Zoom.

De lo que este libro no se trata

Este libro no es sobre el aprendizaje en línea en general. Reconozco que las clases en vivo son sólo una parte del gran ecosistema de la enseñanza en línea. Y soy un gran creyente en que la mejor enseñanza en línea ocurre cuando combinamos enfoques sincrónicos y asincrónicos, y usamos cada uno de ellos aprovechando sus ventajas comparativas. De hecho, el capítulo 10 está dedicado a cómo se pueden integrar las sesiones virtuales en vivo con otras herramientas que puedes ofrecer (por ejemplo, módulos en línea, videos, exámenes, lecturas, etc.) para que los estudiantes aprendan en su propio tiempo. Pero hay muchas buenas referencias generales para la enseñanza en línea,[1] y siento que lo que más se necesita en este momento es una orientación sobre cómo diseñar y llevar a cabo eficazmente sesiones virtuales en vivo que sean experiencias de aprendizaje efectivas para nuestros estudiantes.

En lo que se basa este libro

El libro se basa en mi propia experiencia enseñando en línea, observaciones de varios colegas que enseñan en línea, principios fundamentados en investigaciones en el área de enseñanza y aprendizaje efectivos y, quizás igual de importante, en entrevistas con docenas de estudiantes que recientemente experimentaron el aprendizaje en línea por primera vez y que también tuvieron que adaptarse a esta forma de aprendizaje a toda prisa.

Aunque muchas de las prácticas recomendados en el libro están respaldadas por principios de enseñanza y aprendizaje efectivos fundamentados en la investigación, el enfoque de este libro no se centrará en la exposición de estos principios y los resultados de estos estudios. Si tú estás interesado(a) en ellos, te recomiendo explorar las fuentes enumeradas al final del libro que despierten tu interés. Los siguientes libros también pueden ser de utilidad para ti si estás interesado(a) en aprender más sobre algunas de las investigaciones subyacentes en la ciencia del aprendizaje:

- How People Learn: Brain, Mind, Experience, and School (2000) by the National Research Council
- *How Learning Works: 7 Research-Based Principles for Smart Teaching* (2010) by Susan A. Ambrose, Michael W. Bridges, Michele DiPietro, Marsha C. Lovett, and Marie K. Norman
- *Make it Stick: The Science of Successful Learning* (2014) by Peter C. Brown, Henry L. Roediger, III, and Mark A. McDaniel
- *Multimedia Learning* (2009) by Richard E. Mayer

¿Cuál es el enfoque de este libro?

Este libro está diseñado para ser práctico. Quiero que obtengas algunas ideas concretas para usar en tus clases virtuales en vivo. He incluido capturas de pantalla para ilustrar cómo implementar algunas prácticas clave en Zoom. Pero como la tecnología sigue evolucionando rápidamente, algunas de las instrucciones sobre cómo implementar estas prácticas se describen en el sitio web complementario, que puedo actualizar más rápidamente que el libro. También quiero invitarte a usar el sitio web complementario para compartir tus propias prácticas y ver lo que otros lectores han compartido. Espero que la próxima edición de este libro presente las prácticas de los lectores en las secciones "En la práctica" (ver más adelante).

¿Cómo está organizado este libro?

Para ayudar a "aterrizar" tu aprendizaje, las siguientes secciones aparecen en la mayoría de los capítulos del libro:

Tabla 1.1 – Secciones de los capítulos

Titulo	**Meta**
En la práctica	Describe cómo un docente ha utilizado una práctica innovadora para enseñar eficazmente con Zoom.
Lista de control	Proporciona un ejemplo de una lista de control o *checklist* de los pasos concretos que necesitas realizar para implementar las ideas de ese capítulo. Versiones editables de las listas de control se encuentran en el sitio web complementario para permitirte personalizarlas.
Consejos técnicos	Proporciona consejos sobre los aspectos del capítulo que son de naturaleza más técnica.

Resumen del capítulo — Resume los puntos clave del capítulo.

El contexto importa

He tratado de escribir este libro para ayudar a docentes de todo tipo de instituciones a enseñar mejor con Zoom. Al hacerlo, he tratado de reconocer las diferencias entre contextos institucionales. Algunos de ustedes tendrán departamentos de informática a los que consultar, entrenadores docentes que les guíen, recursos para cumplir las directrices de accesibilidad digital y asistentes docentes que los ayuden. Otros apenas tendrán una cuenta de Zoom y estarán bastante solos para resolver las cosas. Además, algunos de ustedes pueden anticipar que todos o la mayoría de sus estudiantes puedan conectarse a sus clases virtuales en vivo a través de video y usando una computadora portátil desde un lugar tranquilo, mientras que otros estarán enseñando a estudiantes que sólo podrán conectarse intermitentemente por teléfono. Aunque he tratado de escribir el libro de manera que, sean cuales sean tus circunstancias, puedas obtener ideas valiosas para tu enseñanza, reconozco que el contexto es importante y que es probable que necesites ajustar y adaptar algunas de estas ideas a tu entorno institucional. Mi objetivo es que encuentres *algunas* ideas útiles para mejorar tu enseñanza.

Cómo leer este libro

El libro está pensado para ser leído en orden, ya que hay una progresión lógica. Pero los capítulos son bastante independientes, así que, si estás particularmente interesado en un capítulo, puedes ir directamente a él. Mi consejo es que, independientemente del orden en que lo leas, mantengas cerca de ti un cuaderno (en papel o electrónico) para que puedas anotar las ideas del libro que quieras probar, y tal vez algunas ideas que no están en el libro, pero que se te ocurrieron mientras lo leías, y que también quieras probar. De lo contrario, es demasiado fácil olvidar estas ideas. Después de que hayas terminado de leer el libro, puedes repasar estas ideas y ver cuáles son las que más quieres probar. Si eres nuevo en el aprendizaje en línea, tal vez desees volver a leer algunas secciones de este libro después de enseñar durante unas semanas, ya que probablemente tendrás una nueva perspectiva y estarás aún más listo para probar algunos enfoques nuevos.

Cómo empezar con Zoom

El libro asumirá que tú estás familiarizado con la interfaz básica de Zoom por haber participado en algunas reuniones de Zoom. En particular, es importante que te sientas cómodo con lo que Zoom llama los "controles de anfitrión", que se encuentran en lo que yo llamaré la barra principal de herramientas de Zoom (ver más adelante), y que sepas cómo configurar una reunión en Zoom para que otros puedan unirse. Si no estás familiarizado con estos aspectos de Zoom, consulta algunos vídeos introductorios en el sitio web complementario.

Figura 1.1 – Barra principal de herramientas de Zoom (sólo los elementos clave)

Ajuste de la configuración de Zoom

Zoom tiene muchos ajustes o *settings* que puedes cambiar para que algunas funciones estén disponibles o para cambiar los valores predeterminados ("default") de algunas funciones. Las funciones que están disponibles y los valores predeterminados pueden depender de la forma en que tu institución haya configurado Zoom. Para aprovechar al máximo los consejos presentados en este libro, a veces será necesario que cambies la configuración de Zoom para que algunas funciones estén disponibles en la barra principal de herramientas de Zoom y/o para que algunos valores predeterminados sean consistentes con tus preferencias. La sección "Consejos técnicos" en varios capítulos proporciona una guía sobre cómo realizar estos cambios, o te remite al sitio web complementario para obtener más instrucciones. A continuación, se muestra un ejemplo de una barra principal de herramientas de Zoom con algunas funciones adicionales, incluyendo las votaciones y las sesiones de grupos pequeños, que se tratarán en los capítulos 4 y 6, respectivamente. Tu barra de Zoom actual no necesariamente se verá idéntica a esta.

Figura 1.2 – Barra principal de herramientas de Zoom (con un conjunto completo de elementos)

Organizando las ventanas de Zoom

Zoom tiene muchas ventanas y posibles vistas, un atributo ideal para proporcionarte mucha información útil para enseñar una sesión en vivo, pero a veces difícil de manejar. A continuación, se muestran dos vistas típicas que muestran a tus estudiantes, la lista de participantes, la ventana de chat y la barra principal de herramientas de Zoom. La primera vista muestra a tus estudiantes en la "Vista de Galería" (que maximiza el número de estudiantes que puedes ver a la vez), mientras que la segunda muestra la "Vista del Orador" (que tiene a la persona hablando en una vista más amplia). La vista que quieras usar dependerá de tus preferencias personales, el tamaño y el número de monitores, las características más importantes para ti y la actividad que estés realizando en ese momento (por ejemplo, compartir diapositivas, dirigir un debate, etc.). Creo que la única manera de averiguar tus configuraciones óptimas es experimentando y practicando, pero poder ver a muchos de tus estudiantes mientras enseñas es probablemente una parte clave de cualquier configuración.

Figura 1.3 – Disposición de las ventanas de Zoom en la "Vista de Galería"

Nota: Los estudiantes consintieron en aparecer en esta foto.

Figura 1.4 – Disposición de las ventanas de Zoom en la "Vista del Orador"

Nota: Los estudiantes consintieron en aparecer en esta foto.

El número máximo de miniaturas de estudiantes que puede mostrar Zoom en una sola pantalla depende del procesador de tu ordenador. Si excedes este número, Zoom te mostrará flechas de izquierda y derecha para navegar a páginas adicionales donde podrás ver más estudiantes.

Tecnología necesaria

Una pregunta natural que podrías hacerte es ¿qué tipo de tecnología necesitas para enseñar eficazmente en Zoom? La respuesta dependerá de tus preferencias y de los recursos disponibles, pero aquí hay una lista de tecnologías que podría serte útil, junto con mi evaluación de qué tan importante es cada una.

Tabla 1.2 – Tecnología necesaria

Equipo		**Notas**	**Importancia**
Una computadora		El dispositivo ideal es una computadora de escritorio o portátil. Las tabletas (como los iPads) son buenas como dispositivo de anotación, pero no son ideales para conducir una clase en Zoom.	Muy alto
Una buena conexión a Internet		Idealmente una conexión de cable ethernet. Si no, una conexión wi-fi razonablemente rápida y estable.	Muy alto

Un **dispositivo para anotar** lo que dicen los estudiantes (por ejemplo, pizarra, rotafolio, cámara de documentos, tableta)		Por razones pedagógicas, esto es útil. Consulta el capítulo 9 para obtener más detalles y para ayudarte a elegir.	Alto
Audífonos	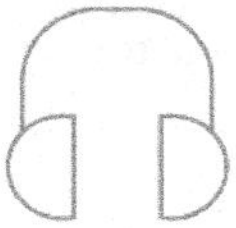	Estos son importantes para que puedas escuchar lo más claramente posible. Pueden combinarse con un micrófono si es necesario (ver más adelante).	Alto
Un **micrófono**	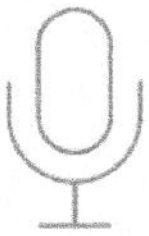	Si no estás contento con la calidad del micrófono que tiene tu computadora, puedes evaluar la compra de uno externo.	Medio
Un **segundo monitor**		Muy útil para permitirte ver a tus estudiantes en una pantalla y otros materiales (por ejemplo, tus diapositivas) en la otra.*	Medio

Una cámara de video	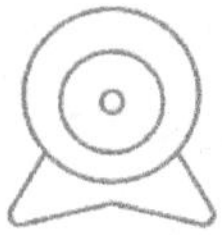	Las cámaras de video que tienen las computadoras no tienden a ser de muy alta calidad. Dependiendo de tu presupuesto, esta podría ser una inversión que vale la pena. También puedes usar la cámara de tu *smartphone*.	Bajo
Una lámpara		Dependiendo de la cantidad de luz que tengas en tu entorno, una lámpara extra puede ser útil para que los estudiantes te vean bien.	Bajo

* Zoom tiene un modo específico de "monitor dual" que permite que la vista de galería, la vista del orador, la pantalla compartida, el chat y los participantes aparezcan en diferentes ventanas. Mira el capítulo 8 para más detalles.

El sitio web complementario tiene enlaces que describen cómo algunos docentes han configurado su espacio de trabajo para enseñar en Zoom.

Descarga de responsabilidad

Es muy probable que la plataforma Zoom evolucione rápidamente en los próximos años. Este libro fue escrito en base a la versión: 5.0.2 (24030.0508) de Zoom para el Mac OS, la última versión disponible a mediados de junio de 2020. Está basado en la versión del producto de Zoom diseñado para impartir clases, no seminarios web.

A pesar de que algunas de las imágenes de las capturas de pantalla se verán de forma diferente en un ordenador con Windows, las funcionalidades de Zoom en Mac y Windows son casi idénticas. He tratado de escribir el libro para que la mayoría del material siga siendo válido por algún tiempo. Esto es especialmente cierto para los consejos pedagógicos. Y he relegado la mayoría de lo que creo que evolucionará con el tiempo al sitio web complementario. Sin embargo, hay aspectos de lo que está escrito aquí que van a necesitar ser actualizados en el futuro. Así que puedes asumir que cada descripción de una característica de Zoom o sus ajustes debe ser precedida por "Al momento de escribir este libro, ...". Seguiré de cerca los cambios en la plataforma que afectan a los consejos de este libro, y te invito a que me avises de estos cambios en la sección de comentarios del sitio web complementario.

Consejos técnicos

Las funciones y la configuración predeterminada de Zoom varían según el tipo de cuenta que tengas y según la configuración predeterminada de tu institución. A medida que descubras las funciones que te gustan, te recomiendo que modifiques los ajustes predeterminados para que se adapten a tus preferencias. Como referencia, la siguiente tabla contiene las funciones actuales y los ajustes predeterminados relacionados con la enseñanza para mi institución y para la cuenta básica (gratuita) de Zoom. Una limitación de la cuenta básica es que la función de votación no está disponible.

Tabla 1.3 – Variaciones en las características y ajustes por defecto de Zoom

Característica	**Mi institución**	**Básico**
Tipo de audio	Teléfono y Computador	Audio de computador
Únete antes del anfitrión	Activado	Desactivado
Co-anfitrión	Activado	Desactivado

Votación	Activado	No disponible
Pizarra – Auto-guardar	Activado	Desactivado
Feedback no verbal	Activado	Desactivado
Sesiones de grupos pequeños	Activado	Desactivado
Subtítulos en pantalla	Activado	No disponible
Sala de espera	Desactivado	No disponible
Permitir la transmisión de reuniones	Activado (FB, YouTube, Custom)	No disponible

Nota: Estoy muy agradecido a Ian Tosh por su ayuda en la producción de esta tabla.

Resumen del capítulo

- La transición del aula física al aula virtual representa una *pérdida.* Reconocer esta pérdida es importante para poder seguir adelante con la enseñanza en línea.
- Recuerda que tú estás ahí para ayudar a tus estudiantes a aprender. La tecnología es sólo el vehículo.

- Si bien necesitas manejar la tecnología, no necesitas convertirte en un experto en Zoom para ayudar a tus estudiantes a aprender.
- Mi principal objetivo al escribir este libro es darte algunas ideas, empoderarte y, en última instancia, inspirarte para enseñar de forma efectiva con Zoom.

Capítulo 2 – Principios fundamentales

Si estás pasando de enseñar en un aula física a una virtual, puede ser útil que pienses en los principios pedagógicos que rigen tus prácticas de enseñanza, y en la mejor manera de aplicar o promover estos principios en tus clases virtuales en vivo.

Para ayudarte a hacerlo, este capítulo se centra en cinco principios clave que sirven de base a muchos de los consejos proporcionados en este libro:

- **Principio 1** – Céntrate en el estudiante.
- **Principio 2** – Planifica basándote en el aprendizaje activo.
- **Principio 3** – Empieza con el final en mente.
- **Principio 4** – Usa la enseñanza en línea aprovechando sus ventajas comparativas.
- **Principio 5** – Los docentes se forman, no nacen.

Tal vez los principios parecen tan obvios que querrás saltarte este capítulo. O tal vez algunos de los consejos contenidos en cada principio pueden ser inconsistentes con tus propios principios, o tal vez con tus prácticas de enseñanza. De todas formas, espero que este capítulo te sea útil al exponer la filosofía de enseñanza que fundamenta este libro, y al ayudarte a poner las prácticas descritas más adelante en un marco más amplio que puedas utilizar para crear tus propias prácticas de enseñanza en línea.

En el resto de este capítulo, describo brevemente cada uno de estos principios y cómo creo que hacen que la enseñanza y el aprendizaje sean más atractivos y efectivos.

2.1 Principio 1 – Céntrate en el estudiante

A continuación, está mi caricatura favorita de todos los tiempos:

Figura 2.1 – Enseñando a silbar

Fuente: Tigre © King Features Syndicate Inc.

La noción de que enseñar algo no es lo mismo que tus estudiantes lo aprendan parece tan obvia que podrías pensar que ni siquiera merece ser mencionada. Bueno, creo que, aunque la mayoría de nosotros reconocemos esta noción, nuestras acciones no siempre son consistentes con ella. Cuando diseñamos cursos (o clases individuales), tendemos a centrarnos más en pensar qué temas vamos a cubrir en clase que en lo que nuestros estudiantes serán capaces de saber/hacer/dominar como resultado de su aprendizaje. En otras palabras, tendemos a centrarnos más en lo que vamos a cubrir que en lo que nuestros estudiantes van a **des**cubrir. Tendemos a pasar mucho tiempo de nuestra preparación de clase planeando lo que nosotros haremos en el aula (decidiendo cómo explicaremos las cosas, diseñando y ajustando las diapositivas de PowerPoint, etc.) y no tanto tiempo pensando en lo que nuestros estudiantes harán en el aula. Cuando enseñamos en una sesión de clase, a menudo empezamos a ejecutar un plan de clase sin comprender realmente qué antecedentes, habilidades e ideas erróneas traen nuestros estudiantes que podrían afectar su capacidad para aprender lo que estamos tratando de enseñarles. O podemos apresurarnos a ver muchas diapositivas al final de la clase cuando se nos está acabando el tiempo, pensando que hacerlo significa que "cubrimos" ese material, aunque sabemos que en realidad no es así. Y así sucesivamente. Si no has sido víctima de algunas de estas tendencias, "me quito el sombrero". Pero creo que la mayoría de nosotros lo ha hecho, porque como seres humanos tendemos a pasar más tiempo en las cosas que están bajo nuestro control (la enseñanza) y menos tiempo en las que no lo están (el aprendizaje de nuestros estudiantes).

Estar centrado en el estudiante no es sólo reconocer que enseñar no es lo mismo que aprender. También se trata de ver la enseñanza como una actividad humana en la que la conexión con los estudiantes, la conexión de ellos contigo, y la conexión de ellos entre sí son absolutamente centrales. Esto implica un esfuerzo deliberado por aprender sobre los estudiantes (sus nombres, sus perfiles académicos y personales, etc.), por conocerlos, y por tratar de comprender lo mejor posible lo que está sucediendo en sus vidas que podría estar facilitando o impidiendo su aprendizaje.

Recuerdo una conversación, al principio de mi carrera, con Lee Warren, una legendaria exconsejera docente de la Universidad de Harvard, en la que ella nos decía a un grupo de docentes que era importante para nosotros entender todo lo que podía afectar a nuestra clase, ya fuera que los estudiantes estuvieran cansados o estresados, algo que estuviera sucediendo en su programa de estudios o en la universidad, el clima que hacía afuera, etc. Pensé que esto era absurdo y le dije: "No puedo controlar ninguna de estas cosas; ¡estoy aquí para enseñar a los estudiantes!". Con los años, me he dado cuenta de la sabiduría de sus consejos. Es cierto que no puedes controlar esos factores, pero sin duda afectan el desarrollo de tu clase, y aprender a reconocer y ajustarse a ellos es, para mí, parte central del oficio de enseñar.

Durante la primavera de 2020, varios estudiantes de mi universidad nos informaron sobre algunas dificultades que estaban experimentando durante la transición al aprendizaje en línea, entre ellas: se distraían fácilmente, les costaba mantenerse motivados y se sentían aislados socialmente. Si bien ninguno de esos factores estaba bajo el control directo de los docentes, creo que aquellos que reconocieron estas circunstancias y trataron de ayudar a los estudiantes a enfrentarlas fueron probablemente más eficaces para estimular el aprendizaje de sus estudiantes. Los desafíos particulares a los que se enfrentan tus estudiantes pueden ser diferentes a estos, pero si te interesa, el sitio web complementario tiene un enlace a una presentación con estas dificultades y las soluciones que los propios estudiantes propusieron para superarlas.

En resumen, la empatía con tus estudiantes está en el núcleo del proceso de enseñanza. Ninguna tecnología cambiará eso. La tecnología es sólo una herramienta para ayudarte en este esfuerzo. Como bien argumentó Derek Bruff en su reciente libro *Intentional Tech*,[2] los objetivos de enseñanza y aprendizaje deben impulsar el uso de la tecnología de los docentes, y no al revés. Y como Bharat Anand, vice-rector de Harvard para Avances en el Aprendizaje, argumentó: "En última instancia, lo que es mucho más importante para crear experiencias de aprendizaje impactantes, ya sea en persona o en línea, son los principios de una pedagogía efectiva. ¿Cómo se despierta la curiosidad, se desafían las suposiciones, se permite el descubrimiento y se inspira el aprendizaje?"[3]

Una de mis preocupaciones centrales en nuestro paso al aprendizaje en línea es que, en nuestro esfuerzo por dominar el uso de la tecnología, olvidamos que el oficio docente es inherentemente humano.

En la práctica 2.1 – Centrarse en lo que es importante

Mitch Weiss enseña en la Escuela de Negocios de Harvard y es director de curso para una materia obligatoria llamada "El Gerente Empresarial". Su equipo de colegas docentes pasó incontables horas durante las vacaciones de primavera de 2020 preparándose para la transición de su curso de presencial a online. Después de todo el entrenamiento, escribió a su equipo de colegas docentes:

"Hemos pasado tanto tiempo en la tecnología detrás de todo esto, que quería recordar las tecnologías originales para enseñar bien con el método del caso de estudio: **curiosidad** por lo que los estudiantes piensan y **empatía** por lo que quieren saber. Si tienes amplias reservas de ambas, estarás bien. Por lo tanto, mi consejo es que hagan lo mejor posible para no dejar que la pantalla se interponga en el camino de escuchar y preguntar con curiosidad, y por ende, de enseñar."

Aplicando este principio a la enseñanza en línea

- **Conoce a tus estudiantes.** Conocer a tus estudiantes en línea es generalmente más difícil que conocerlos en persona. Requerirá un esfuerzo más deliberado de tu parte. Revisa el capítulo 11 para algunas ideas.

- **Construye comunidad.** Construir un sentido de comunidad en línea es crucial y también requiere un esfuerzo más deliberado que hacerlo en persona. Consulta el capítulo 11 para obtener algunas ideas.

- **Entiende las circunstancias de tus estudiantes.** Entender las circunstancias que tus estudiantes enfrentan en su jornada de aprendizaje en línea es crucial para diseñar experiencias de aprendizaje, establecer normas y hacerlas cumplir. Encuentra maneras de conectar con tus estudiantes y aprender sobre sus circunstancias, e intenta adaptar tu enfoque a esas circunstancias.

2.2 Principio 2 – Planifica basándote en el aprendizaje activo

Años de investigación han demostrado que los estudiantes no aprenden mucho cuando su papel es conceptualizado como receptores pasivos de conocimiento.[4] Una enseñanza efectiva requiere crear experiencias de aprendizaje significativas para nuestros estudiantes, que les ayuden a desempeñar un papel activo en su aprendizaje, incluyendo oportunidades para el procesamiento activo, la aplicación del conocimiento, la investigación y la interacción con otros y con el material del curso. "El que hace el trabajo, hace el aprendizaje", es una forma de encapsular este principio.[5]

Sin embargo, a pesar de esta investigación y de las declaraciones de muchos expertos en educación – incluyendo al premio Nobel Carl Wieman, quien una vez sostuvo que la clase magistral (donde el docente habla por mucho tiempo seguido sin interrupción) es el equivalente educativo de la flebotomía [6]– muchos de nosotros todavía empleamos métodos de enseñanza donde los estudiantes no juegan un papel suficientemente activo en su propio aprendizaje.

Si tu enfoque de enseñanza está impulsado por principios y prácticas de aprendizaje activo, por favor siéntete libre de saltar al siguiente principio. Si no es así, pero estás abierto a hacer algunos cambios en tu enseñanza, un buen lugar para empezar es leyendo el excelente libro de James Lang, *Small Teaching*, donde sugiere pequeños cambios que se pueden hacer para incorporar en tu enseñanza principios de las ciencias del aprendizaje. Para un video inspirador sobre la incorporación de métodos de aprendizaje activo, recomiendo ver "Confesiones de un docente convertido", por el Profesor de Física de Harvard Eric Mazur. Los enlaces a estos dos recursos están en el sitio web complementario. Recientemente, le pregunté a una estudiante cómo le iba con el aprendizaje en línea, y ella respondió con frustración: "es como ver videos de YouTube todo el día". ¡Lo que sea que escojamos hacer como docentes, debemos asegurarnos de crear una mejor experiencia de aprendizaje para nuestros estudiantes que esta!

Si no estás convencido(a) de lo ineficaz que es que los estudiantes jueguen un papel pasivo en su aprendizaje, te sugiero que hagas una cosa: observa a un docente dando una clase magistral y ve qué se siente. Puedes hacer esto en línea. Tengo tres predicciones. Primero, creo que te darás cuenta de lo difícil que es mantener la atención y, sobre todo, recordar lo que el orador dijo una hora después de la clase. Segundo, creo que te convencerás de que en tus clases no hablas tanto como el docente que acabas de observar. Si es así, te insto a que en tu próxima clase midas la fracción de tiempo de clase en la que estás hablando. Puedes hacerlo haciendo que alguien te tome el tiempo con un cronómetro o usando otra tecnología (ver sitio web complementario para más detalles). Mi tercera predicción es que subestimarás severamente el porcentaje de tiempo que estás hablando en clase. ¡Yo definitivamente lo hacía!

Un consejo común para la enseñanza virtual es que debemos planificar para mucha interacción, y que los estudiantes no deben permanecer en ninguna actividad por más de 5 minutos. Si bien aplaudo el esfuerzo por conseguir que empleemos enfoques de aprendizaje más activos en nuestras clases, temo que este consejo pueda ser interpretado como "planifica para la hiperactividad" y pueda terminar siendo menos efectivo de lo que podría ser. El objetivo no es sólo conseguir que los estudiantes estén activos, sino hacerlo con una clara intención de lo que estás intentando lograr (lee el siguiente principio).

Aplicando este principio a la enseñanza en línea

- **Busca lograr la participación activa de tus estudiantes en las clases en vivo.** Para cada sesión de clase virtual en vivo que enseñes, piensa en cómo se involucrarán tus estudiantes (ve la parte II de este libro para una lista de las formas en que pueden involucrarse) y planifica una variedad de actividades que los lleven a entender el material y, en última instancia, a lograr tus objetivos de aprendizaje.
- **Busca lograr la participación activa de tus estudiantes fuera de las clases en vivo.** Cuando diseñes materiales asincrónicos (aquellos con los que los estudiantes se comprometerán en su tiempo libre fuera de sus clases en vivo), piensa en involucrar

activamente a los estudiantes con actividades que requieran que respondan a preguntas, hagan cosas y/o reflexionen sobre su aprendizaje. Ve el capítulo 10 para más detalles.

2.3 Principio 3 – Empieza con el fin en mente

Cuando era estudiante de doctorado en la Universidad de Northwestern, en Illinois, me inscribí para ser asistente de enseñanza y asistí a una sesión de entrenamiento de una hora con la persona que dirigía el centro de enseñanza y aprendizaje. El hecho de que más de 20 años después todavía recuerdo varias cosas que aprendí en esa sesión es un testimonio de lo efectiva que fue. La persona que dirigió la formación fue Ken Bain, quien más adelante escribió *What the Best College Teachers Do*, uno de los libros que más ha influido en mi enseñanza y en la de muchos otros docentes. Una de las principales lecciones que aprendí de Ken ese día es que hay que empezar el diseño de cualquier experiencia de aprendizaje (curso, sesión de clase, taller, etc.) haciéndose la pregunta: "¿Qué deberían poder hacer mis estudiantes intelectual, física o emocionalmente como resultado de su aprendizaje?". Esto me llevó a descubrir el "diseño retrospectivo" (del inglés, *backward design*,), un marco conceptual ampliamente utilizado para diseñar cursos y unidades de contenido propuesto por Grant Wiggins y Jay McTighe en su libro *Understanding by Design*.[7]

El tratamiento completo del marco de diseño retrospectivo está fuera del alcance de este libro, pero esencialmente incluye tres etapas:

- Etapa 1 – Establecer los resultados deseados: ¿Qué quiero que los estudiantes comprendan, conozcan y sean capaces de hacer?
- Etapa 2 – Pruebas y criterios: ¿Qué criterios utilizarás para evaluar si tus estudiantes han logrado los resultados deseados?
- Etapa 3 – Plan de aprendizaje: ¿Qué actividades de aprendizaje y estrategias de enseñanza emplearás?

Aparte del libro, hay una gran cantidad de recursos sobre cómo implementar este método en tu enseñanza. El sitio web complementario contiene enlaces a algunos de ellos.

El uso del diseño retrospectivo en tu enseñanza tiene profundas implicaciones en cómo conceptualizar no sólo el diseño de tus cursos, sino también su ejecución. Te ayuda a decidir lo que es realmente crucial para ti y, en consecuencia, te ayuda a planificar y gestionar tu tiempo de clase.

Aplicando este principio a la enseñanza en línea

- **Establece tus objetivos de aprendizaje.** Antes de cada clase en línea, sugiero que te preguntes: "¿Cuáles son las dos o tres cosas que me gustaría que mis estudiantes sean capaces de internalizar al final de esta clase?". Responder a esta pregunta puede ser sumamente útil para decidir qué material eliminar de tu plan de clases (antes de la clase) y/o qué material saltarte (durante la clase) si estás corto de tiempo.

- **Utiliza tus objetivos de aprendizaje para diseñar tu clase.** Para cada una de las actividades que realices en la clase, pregúntate: "¿Cómo contribuye esta actividad a ayudar a mis estudiantes a internalizar las dos o tres cosas que me gustaría que internalizaran?

2.4 Principio 4 – Utiliza la enseñanza en línea aprovechando su ventaja comparativa

Como se indica en el capítulo 1, la transición de un aula física a una virtual representa una pérdida en muchas dimensiones. Una forma tentadora de hacer frente a esta pérdida (o al menos de adaptarse a ella) es tratar de reproducir lo que estabas haciendo en tu aula física al entorno en línea. Esto es lo que hicieron los periódicos cuando hicieron la transición a la red, simplemente creando versiones PDF de su producto impreso. Pero como describió Bharat Anand, "ese modelo evolucionó donde ahora los editores han ampliado su público apoyándose en las ventajas exclusivas de la tecnología digital: hacer que las noticias estén disponibles en cualquier momento y lugar; crear un rico contenido multimedia; recurrir a una amplia gama de fuentes, además de los periodistas del personal; conseguir lectores para que hagan comentarios y facilitar las conversaciones entre ellos; y personalizar las fuentes de noticias".[8]

De la misma manera, la enseñanza efectiva virtual requiere ir más allá de la mera adaptación de la experiencia presencial al aula en línea, y utilizar realmente las ventajas comparativas del medio en línea. Para las clases virtuales en vivo, estas ventajas incluyen:

- Los estudiantes tienen más formas de contribuir en la clase, lo que potencialmente podría llevar a un mayor rango de participación en tus sesiones. Ve la parte II para más detalles.

- Tú y tus estudiantes pueden crear documentos en colaboración (Documentos de Google, Presentaciones de Google) más fácilmente durante la clase. Ve el capítulo 6 para más detalles.

- Puedes estimular más fácilmente las interacciones entre los estudiantes que normalmente no interactúan entre sí.

- Los estudiantes que no pueden salir de casa por alguna razón (enfermedad, tienen que cuidar de alguien, etc.) pueden seguir asistiendo y participando en tu clase.

- Puedes grabar las clases más fácilmente para que los estudiantes puedan ver estas grabaciones (en caso de que se hayan perdido la clase) o volver a verlas a su propio ritmo.

- Es más fácil invitar a otros (colegas, expertos, etc.) a que participen en tu clase, porque no necesitan ir físicamente; simplemente pueden unirse en línea para participar en una parte de la clase.

Si bien es importante que reconozcamos las ventajas comparativas del entorno en línea, también es importante reconocer algunas de sus desventajas. Algunas de ellas -relacionadas con las consecuencias humanas y emocionales de que tú y tus estudiantes no estén en el mismo espacio físico- fueron reconocidas anteriormente en este libro. Me gustaría añadir cuatro más, derivadas en parte de conversaciones con docentes y estudiantes:

- Es más fácil que los estudiantes se distraigan. Están a un solo clic de revisar su correo electrónico, Facebook, Twitter, etc., y no tienes forma de saber si lo están haciendo.

- Es más difícil para ti "leer el aula" y captar las señales no verbales, y la comunicación a veces puede perderse (en ambas direcciones).

- Para ti y para muchos estudiantes, aprender en línea es una experiencia relativamente nueva. No hay normas establecidas desde hace mucho tiempo, como las que existen en un aula física.

- Hay más cosas que manejar en una clase virtual en vivo (y todo ello en una o dos pantallas), y lleva un tiempo adaptarse a tener que manejar tantas cosas en un entorno diferente al que estás acostumbrado.

Aplicando este principio a la enseñanza en línea

- Haz cosas para aprovechar las ventajas comparativas de las clases en línea, incluyendo:
    - Aprovecha las muchas maneras en que los estudiantes pueden participar y contribuir a una clase virtual.
    - Evalúa la posibilidad de grabar las clases para los estudiantes que no pueden asistir.
    - Considera la posibilidad de contar con invitados especiales para complementar y/o enriquecer lo que los estudiantes obtienen en tu curso.

- Haz cosas para abordar las desventajas de las clases en línea, incluyendo:
    - Ten un plan más detallado para tus sesiones virtuales. Es más difícil "improvisar" durante la clase cuando estás en línea.
    - Se más explícito en línea. Por ejemplo, cuando hagas una pregunta en la que pienses dedicar algún tiempo a discutir o cuando des instrucciones antes de enviar a los estudiantes a trabajar en grupo, es útil escribir la(s) pregunta(s)/instrucciones para que todos los estudiantes puedan verlas.
    - Establece normas. Es importante fijar normas sobre cómo esperas que los estudiantes participen en tu clase en línea. Por ejemplo: ¿Cómo esperas que indiquen que les gustaría hablar? ¿Esperas que usen su video? Ve la siguiente diapositiva como ejemplo para un conjunto sencillo de normas para el comienzo de una clase, y más detalles en el capítulo 12.
    - Simplifica o busca ayuda, si puedes. Hay mucho que manejar cuando se enseña una sesión de clase virtual en vivo usando Zoom. Consulta el capítulo 12 para obtener más detalles.

Figura 2.2. – Ejemplo de diapositiva que establece normas al principio de una clase

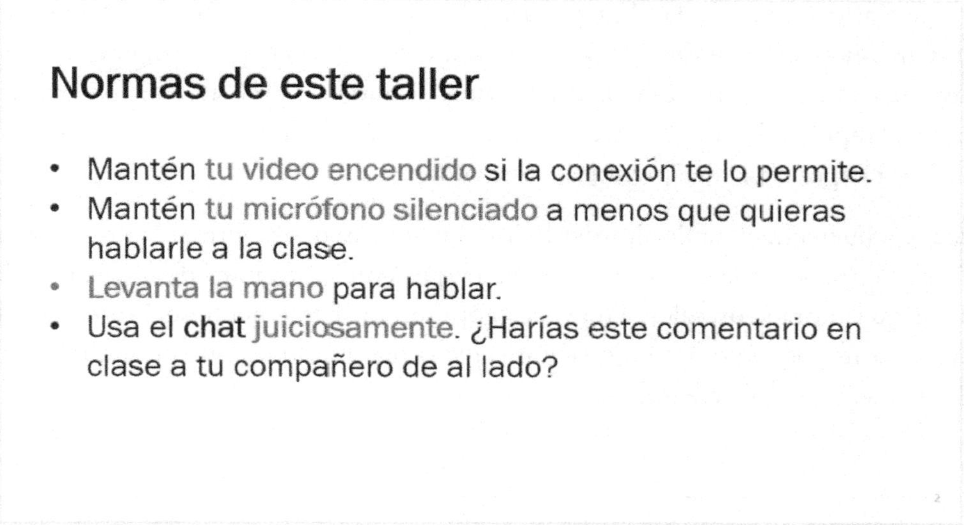

Fuente: Taller en línea "Sacando el máximo provecho de su experiencia de aprendizaje en línea" en la Universidad de Harvard, organizado por Anastacia Kay, Dan Levy y Teddy Svoronos. Abril de 2020.

2.5 Principio 5 – Los docentes se forman, no nacen

Si trabajas duro para enseñar bien, sabes mejor que nadie que la enseñanza no es simplemente un talento natural. Por supuesto, el talento natural ayuda, pero es el compromiso de desarrollar continuamente las diversas habilidades involucradas en el oficio de la enseñanza lo que creo que hace la mayor diferencia. El punto puede parecer trivial, pero cuando escuchas expresiones como "es una gran maestra", "lo que está haciendo no se puede hacer a gran escala" o "necesitamos despedir a los malos maestros", te das cuenta de cuán arraigada está la noción de que eres bueno o malo para enseñar y que esto es inmutable.

Aprender a enseñar en línea requiere desplegar las habilidades que ya tienes y desarrollar otras nuevas. Tal vez debido a la sensación de urgencia con la que muchos de nosotros hicimos la transición a la enseñanza en línea en el primer trimestre de 2020, vi a demasiados colegas acercarse a ella con la sensación de que todo tenía que salir perfectamente el primer día. Este enfoque puede proporcionarnos aspiraciones útiles, pero expectativas poco realistas. Cuando la Escuela de Negocios de Harvard hizo la transición a la enseñanza a distancia en el primer trimestre de 2020, los docentes se centraron inmediatamente en la creación de lo que llamaron un "Aula Mínima Viable" (reflejando el término "Producto Mínimo Viable" que se utiliza a menudo en la industria del software cuando se crea una nueva aplicación). Si bien trabajaron muy duro para crear una primera clase virtual de alto nivel, sabían que no iba a ser su producto final. Y dado su compromiso con la excelencia en la enseñanza y con la mejora continua, sin duda ofrecerán una mejor experiencia de aprendizaje este otoño.

Esto me parece una buena manera de abordar tu jornada de enseñanza virtual: no todo saldrá perfecto el primer día. Piensa en este proceso como el mismo que empleaste para desarrollar cualquiera de las habilidades en las que ahora sobresales. Tu proceso óptimo probablemente será diferente al mío, así que dudo en ofrecerte consejos, pero a continuación sugiero tres enfoques que creo que podrían ser útiles para desarrollar tus habilidades de enseñar en línea.

Aplicando este principio a la enseñanza en línea

- Practica mucho
  - Lleva un tiempo acostumbrarse a las diferentes herramientas (lista de participantes, chat, pantalla para compartir, etc.).
  - Si es posible, prueba diferentes enfoques con amigos, colegas o miembros de la familia antes de probarlos en tus clases en línea.
  - El haber practicado te ayudará a relajarte y a centrarte más en ayudar a los estudiantes a aprender.
- Observa a otros enseñar
  - Es más fácil que nunca. ¡Todo lo que necesitas es una invitación a la clase de un colega con un enlace de Zoom!
  - Aprenderás mucho, sobre todo si puedes reflexionar con tu colega después de la sesión.
  - Al asistir a una clase virtual, sabrás lo que se siente ser un estudiante en una sesión de clase en vivo. Esto te ayudará a ver la necesidad de interacción y a identificar lo que te parece

efectivo y lo que no, desde la perspectiva un estudiante. Esto también te ayudará a descubrir enfoques que ni siquiera habías considerado.

- Experimenta y aprende de tu experimentación
  - o Prueba nuevos enfoques o ideas en tu enseñanza en línea.
  - o Pídele a un colega que te observe mientras enseñas y que te dé su opinión.
  - o Recopila los comentarios de los estudiantes y tus evaluaciones de su aprendizaje (exámenes, votaciones, tareas) para ayudarte a evaluar cómo resultaron tus ideas en la práctica.
  - o Reflexiona sobre lo que salió bien y lo que se podría mejorar.

Resumen del capítulo

- Piensa en qué principios pedagógicos rigen tus prácticas de enseñanza y cómo aplicar o promover mejor estos principios en tus clases virtuales en vivo.

- Los principios pedagógicos clave que inspiran las prácticas y consejos expuestos en este libro son:

(1) Céntrate en el estudiante.
(2) Planifica basándote en el aprendizaje activo.
(3) Empieza con el final en mente.
(4) Usa la enseñanza en línea aprovechando sus ventajas comparativas.
(5) Los docentes se forman, no nacen.

PARTE II – FORMAS EN LAS QUE TUS ESTUDIANTES PARTICIPAN

Hay cinco formas clave a través de las cuales los estudiantes pueden comunicarse utilizando Zoom (u otras aplicaciones similares) para participar en una sesión virtual en vivo: pueden hablar, votar, escribir, trabajar en grupo y compartir su trabajo. Estas formas de participación no son mutuamente excluyentes. Por ejemplo, los estudiantes pueden compartir su trabajo o hablar mientras trabajan en grupos. Y más importante aún, estas formas de participación pueden combinarse a menudo dentro de un segmento de la clase. Por ejemplo, después de pedir a los estudiantes que voten, se les puede asignar, inmediatamente, trabajar en grupos para discutir su voto. Pero antes de pensar en cómo combinar e integrar estas formas de participación, creo que es útil pensar explícitamente en cómo los estudiantes pueden usar cada forma de participación. Hacerlo, puede ayudarte a la hora de planificar tus clases. Cada uno de los cinco capítulos de esta sección aborda una forma diferente de participar.

Capítulo	Los estudiantes pueden	Herramienta(s) clave de Zoom	
3	Hablar	Levantar la mano	
		Activar el micrófono	

4	Votar	Votaciones	
		Participantes	
5	Escribir	Chat	
6	Trabajar en grupos	Sección de grupos	
7	Compartir trabajo	Compartir pantalla	

Capítulo 3 – Hablar

Si tu clase tiene más de una docena de estudiantes, es probable que quieras que tengan el micrófono en silencio (en *mute*) todo el tiempo, excepto cuando se dirijan a la clase. De lo contrario, todos se distraerán en cuanto alguien haga algún ruido en su entorno (sonido del teclado, ladridos de perro, timbre de teléfono, etc.). Para que un estudiante participe en una clase virtual en vivo, la secuencia típica es la siguiente:

- Los estudiantes levantan la mano usando la función "Levantar la mano" de Zoom (ver foto más adelante).
- Tú seleccionas a un estudiante que levanta la mano y lo(a) llamas (con tu voz).
- El estudiante activa su micrófono en Zoom.
- El estudiante realiza su comentario o pregunta.
- El estudiante desactiva su micrófono en Zoom.

Figura 3.1 – El estudiante utiliza un proceso de dos pasos para levantar la mano en Zoom

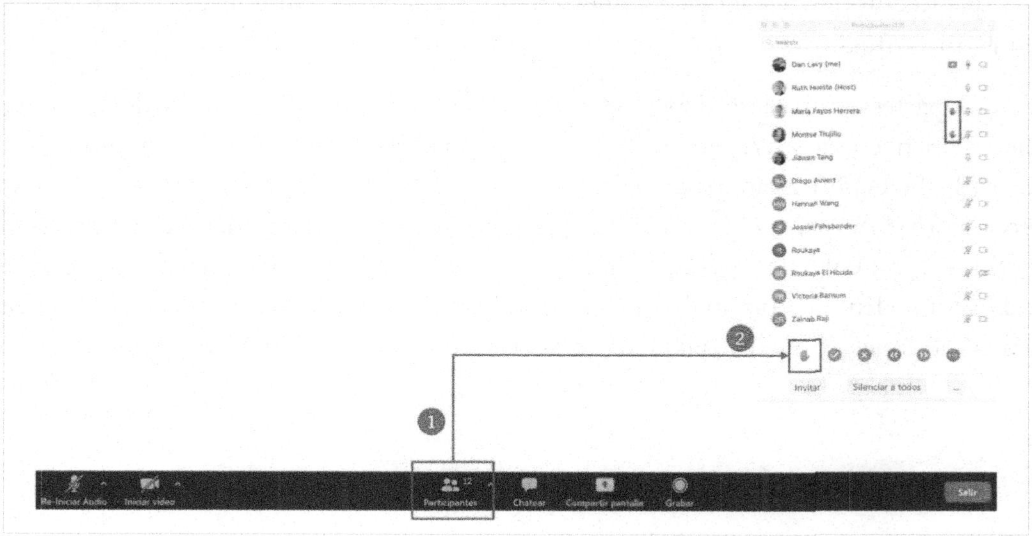

Al igual que otros procesos de enseñanza virtual, este proceso toma más tiempo en Zoom que en un aula física, y los estudiantes y docentes tardan un poco en acostumbrarse. Además, incluso sin el uso de las funciones "Levantar la mano" y "Silenciar/Re-iniciar audio", solo el hecho de que la conversación tenga lugar a través de Internet hace que el diálogo se sienta menos natural, porque audio y vídeo se envían al destinatario a través de diferentes canales, por medio de bits de información que luego se vuelven a ensamblar. Esto tiende a perturbar la regla conversacional de "Sin pausa, sin interrupción" que la mayoría de las culturas practican.[9]

Mi colega Dutch Leonard señala que otra diferencia entre el diálogo en un aula física y en una virtual es que en un aula física puedes usar más fácilmente señales verbales -y no verbales- para indicarle a un estudiante que quieres que termine su comentario o pregunta. Esta discrepancia hace que entablar un diálogo en línea tienda a ser más complicado y potencialmente más lento.

Considerando, entonces, que las conversaciones en un aula virtual suelen tomar más tiempo, varios de mis colegas coinciden en señalar que se debe recortar la cantidad de material para las sesiones virtuales. Algunos sugieren que se debe tratar de cubrir 80% del material en línea que se cubriría durante la misma cantidad de tiempo en un aula física. Por el contrario, hay algunas acciones (como obtener rápidamente las opiniones de los estudiantes a través de la función de chat, enviar a los estudiantes a grupos de discusión con diferentes compañeros de clase, o volver a poner la clase en orden después de trabajar en esos grupos de discusión) que se pueden hacer más eficientemente en línea. El consenso parece ser que no se debe asumir que se podrá presentar la misma cantidad de material en línea que cuando se enseña en persona, y que tu enfoque pedagógico y tu estilo probablemente determinarán cuánto menos se podrá presentar en forma virtual.

Para decidir qué partes de tu clase debes recortar, concéntrate en tus objetivos de aprendizaje para la sesión y piensa bien en dos preguntas: (1) ¿Es este material esencial para lograr mis objetivos de aprendizaje? y (2) ¿Se beneficiarán los estudiantes enormemente si estamos juntos en la sesión en vivo al estudiar este material? A veces, el material que piensas abordar en clase puede estar disponible en otro formato (periódico, artículo de revista, vídeo de YouTube) y lo puedes publicar o distribuir antes o después de la sesión. En el capítulo 10 se ofrecen algunas sugerencias para decidir qué material debe abordarse en las sesiones en vivo y qué debe reservarse, en cambio, al aprendizaje fuera de las clases en vivo.

3.1 ¿Cómo hago para que mis estudiantes participen?

Puede que estés en un ambiente donde los estudiantes no tienden a participar en clase. O tal vez tienes algunos estudiantes que levantan mucho la mano y otros que rara vez lo hacen. Si quieres tener un aula más inclusiva y una discusión más enriquecedora en clase, aquí tienes algunas sugerencias de acción:

- Haz buenas preguntas. Ve la sección de abajo.
- No respondas a tus propias preguntas. Espera a que los estudiantes participen. El silencio es una de las herramientas más poderosas y subutilizadas a tu disposición.
- Después de hacer una pregunta, haz una pausa de al menos 10 segundos antes de llamar a alguien. Esto permite a cada estudiante de la clase más tiempo para desarrollar sus propios pensamientos y, generalmente, resulta en más manos arriba, lo que te da la oportunidad de traer a la clase una mayor gama de puntos de vista. Esta técnica se conoce a veces como "tiempo de espera" y se ha demostrado que tiene muchos beneficios para la participación y el aprendizaje del estudiante.[10]
- Después de hacer una pregunta a la clase, di explícitamente: "Me gustaría ver más manos levantadas antes de llamar a alguien" o "Asegurémonos de tener cinco manos levantadas antes de llamar a alguien".
- Después de que hagas una pregunta, di explícitamente: "Me encantaría escuchar a alguien que no haya participado".
- Haz llamadas en frío (es decir, sin avisarles de antemano, llama a alguien que no levantó la mano). Ve "En la práctica", más adelante.
- Haz llamadas cálidas (es decir, con algún aviso previo, llama a alguien que no levantó la mano). Ve "En la práctica", a continuación.
- Llama a un estudiante que haya hecho un comentario interesante en el chat.
- Lleva un registro de quién ha participado y quién no, y sé deliberado al momento de decidir a quién llamar. Podrías considerar el uso de una herramienta como Teachly, que tiene como objetivo ayudar a los docentes a enseñar de forma más efectiva e inclusiva (aclaración importante: soy uno de los creadores de esta herramienta).

3.2 ¿Cómo hago buenas preguntas?

Hacer buenas preguntas es fundamental para generar buenos debates en clase y, en definitiva, para el aprendizaje. Una discusión completa sobre lo que constituye una buena pregunta y cómo manejar las discusiones en clase está más allá del alcance de este libro, pero aquí hay algunas pautas basadas en el Centro de Enseñanza y Aprendizaje de la Universidad de Washington, en St. Louis:

- Asegúrate de que tus preguntas estén alineadas con tus objetivos de aprendizaje para esa clase.
- Utiliza preguntas directas y específicas.
- Haz preguntas durante toda la clase y haz sólo una pregunta a la vez.
- Considera hacer preguntas abiertas (es decir, que no se puedan responder con una o dos palabras).
- Cuando un estudiante responda una pregunta, piensa cuidadosamente en cómo le vas a responder.
  - Muestra interés en su respuesta con señales verbales y no verbales.
  - Considera la posibilidad de hacer una pregunta de seguimiento para aclarar, sondear o ampliar.
  - Invita a otros estudiantes a reaccionar (de acuerdo, en desacuerdo o para extender).
  - Sé riguroso con la respuesta, pero amable con el estudiante.

Consulta el sitio web complementario para obtener algunos recursos sobre cómo hacer buenas preguntas y gestionar los debates en diferentes tipos de clases.

En la práctica 3.1 – El arte de la llamada en frío

Mike Toffel enseña Operaciones en la Escuela de Negocios de Harvard, donde la llamada en frío (del inglés "cold call") es muy utilizada. Toffel señala que las llamadas en frío pueden ayudar a asegurar que los estudiantes estén preparados para la clase, porque saben que hay una posibilidad real de que los llamen, aunque no levanten la mano. Sin embargo, advierte que hay costos de oportunidad para las llamadas en frío. Aunque se pueden usar para dar un empujón a los estudiantes que no han participado en un tiempo o que saben que tienen experiencias que pueden añadir una visión importante, llamar a los estudiantes que no levantan la mano supone el riesgo de disminuir la calidad de la conversación y erosionar la motivación de los que levantan la mano. Aun así, Mike utiliza las llamadas en frío durante todo el período de clase y a veces, incluso, llama en frío a los estudiantes que participaron sólo unos minutos antes, como una forma de mantener a todos prestando atención y listos para responder, así como para cultivar en sus estudiantes una buena capacidad de escuchar cuidadosamente y una disposición para participar en el aula.

En la práctica 3.2 – El arte de la llamada cálida

Muchos docentes quieren tener una discusión vigorosa en clase, pero no les gusta la llamada en frío. Una forma efectiva de llamar a los estudiantes que no han participado mucho es dedicar un poco de tiempo, el día antes de la clase, para pensar en las posibles conexiones entre el perfil (personal y académico) de cada estudiante y el tema de la clase. A continuación, se presentan un par de ejemplos ilustrativos.

Mi colega de la Escuela Kennedy de Harvard, Julie Wilson, es una socióloga que tiene un don para personalizar sus planes de enseñanza alrededor de los estudiantes de su clase. Cuando recientemente se preparaba para enseñar un caso, "Our Piece of the Pie", que tiene lugar en Hartford, Connecticut, hizo una búsqueda rápida de los perfiles de sus estudiantes en la lista de estudiantes inscritos y descubrió que uno de ellos era de Hartford. Luego, escribió a la estudiante y le dijo que iba a empezar la clase pidiéndole que describiera brevemente la ciudad, para que los participantes pudieran comprender mejor el contexto en el que se desarrollaba el caso. Al día siguiente, la estudiante vino a clase preparada y en un par de minutos describió vívidamente la ciudad, un relato que ayudó a contextualizar el debate posterior. Ve el recuadro que figura a continuación con el correo electrónico que Julie le envió a la estudiante.

En mis propias clases, a menudo les pido a mis estudiantes que completen un módulo en línea o una encuesta/cuestionario antes de la clase y luego utilizo sus respuestas para estimular un debate durante la clase. Una secuencia típica en la encuesta previa a la clase es una pregunta de selección múltiple, seguida de otra pregunta que pide a los estudiantes que justifiquen la opción que seleccionaron. A veces simplemente planteo una pregunta que pienso hacer en clase, pero que quiero que los estudiantes empiecen a pensar de antemano. En clase, puedo hacer la misma pregunta, mostrar la respuesta de un estudiante como una cita (a veces con el nombre del estudiante) e invitar a ese estudiante a iniciar una conversación o debate. Ve el ejemplo a continuación.

Ejemplo de correo electrónico para preparar a un estudiante para una llamada cálida

De: "Wilson, Julie Boatright"

Cita: Lunes, 18 de mayo de 2020 a las 6:49 AM

Para: [Redactado]

Sujeto: Bienvenido al programa "Usar la evidencia"

Bienvenido al programa "Usar la evidencia". Sólo quería hacerte saber que puede que te contacte esta mañana, durante nuestra discusión del caso, para decir unas palabras sobre Hartford.

Los que vivimos en Nueva Inglaterra lo conocemos como la sede de muchas grandes compañías de seguros – un sitio de edificios espectaculares mientras conduces por la interestatal- pero también un lugar de considerable pobreza y dificultad.

Aunque no pasaremos mucho tiempo discutiendo los detalles de Hartford porque necesitamos todo el tiempo posible para establecer un marco conceptual para la semana, ¡casi nunca contamos con alguien que realmente conoce Hartford para ayudarnos a preparar el escenario!

Espero que esto funcione para ti. Volveré a preguntarte antes de la clase.

Julie

Figura 3.2 – Traer a la sesión en vivo la respuesta de un estudiante a una prueba o encuesta previa a la clase

Pregunta de la encuesta antes de clase	*¿Cuáles son los principales inconvenientes de recomendar mamografías anuales para las mujeres de 40 años?*
Mostrando en clase una diapositiva con la respuesta de un estudiante a la encuesta previa a la clase	Maria Alvarez "Los principales inconvenientes de las mamografías anuales son los falsos positivos y el sobrediagnóstico. Ambos inducen tratamientos innecesarios, que son desagradables y conllevan riesgos"

Consejos técnicos

- En Zoom, los estudiantes que utilizan la función "Levantar la mano" aparecen en la parte superior de la lista de participantes (inmediatamente debajo de los anfitriones y coanfitriones) en el orden en que levantaron la mano.
- Las manos permanecen levantadas a menos que alguien las "baje". Los estudiantes pueden bajar la mano simplemente haciendo clic, por segunda vez, en el mismo ícono con forma de mano. Los anfitriones y coanfitriones también pueden bajar la mano de cualquier participante. Es ineficiente -y puede ser una distracción- llamar a un estudiante que tiene su mano virtual levantada sin querer, así que trata de establecer procesos y normas para evitarlo. Por ejemplo, puedes pedir a un miembro de tu equipo docente que baje la mano de los estudiantes que acaban de hacer un comentario.

- A veces un estudiante comienza a hablar, y tú y el resto de la clase no pueden oír bien. Esto suele ocurrir por razones relacionadas con el ancho de banda de Internet. En esta situación, debes decidir cuánto tiempo dejarás pasar antes de intervenir. Yo normalmente espero unos 10 segundos y si no se ha resuelto para entonces, pido al estudiante que escriba el comentario en el chat, sigo adelante y unos minutos más tarde vuelvo al chat para abordar el comentario.

- La frase "estás en silencio" es probablemente la frase más pronunciada en Zoom. Para los estudiantes con poca experiencia en Zoom, lleva un tiempo acostumbrarse a la rutina de tener que activar el micrófono antes de decir algo a la clase. Si llamas a un estudiante y no responde en unos pocos segundos, puede que quieras intervenir y decir "puede que estés en silencio", para no perder el valioso tiempo de la clase. Si quieres saber si un alumno en particular está en silencio o no, puedes mirar el ícono con forma de micrófono junto a su nombre en la lista de participantes (justo entre el ícono de levantar la mano y el ícono de video).

- Si bien entiendo la necesidad de que los estudiantes permanezcan en silencio durante la clase, la norma prevalente de "todos en silencio" parece muy poco natural y constituye una de las reglas más difíciles de adoptar cuando se pasa de un aula física a una virtual. El humor no se transmite bien en línea. En términos más generales, tú y tus estudiantes no pueden "oír al aula" y se pierden algunas de las cosas que a veces hacen de una clase en un salón físico una experiencia tan humana, como se describe en el capítulo 1. Echas de menos la risa, la rápida reacción en un lado de la sala a un comentario de un estudiante del otro lado, etc. No tengo una solución para este problema, pero espero que podamos evolucionar pronto hacia una norma diferente con la ayuda de la tecnología o de algunas ideas creativas.

Ejemplo de lista de control para llamar a los estudiantes

Antes de la clase

- ❑ Si estás planeando dar una clase en línea que ya has dado en persona anteriormente, planifica tu tiempo cuidadosamente. Considera la posibilidad de cortar parte del material (o al menos tener un plan de lo que te saltarías si estás corto de tiempo).
- ❑ Planifica qué preguntas deseas hacer en clase para lograr tus objetivos de aprendizaje.
- ❑ Ten un plan con respecto a cuáles estudiantes quieres llamar durante la clase y cuáles preguntas les quieres hacer a cada uno.
- ❑ Considera la posibilidad de contactar con antelación a estudiantes específicos, diciéndoles que piensas llamarlos durante la clase.

Durante la clase

- ❑ Ten siempre abierta la lista de participantes de Zoom y monitoréala para que puedas ver si/qué estudiantes están levantando la mano.
- ❑ Resiste la tentación de llamar a la primera mano que se levante. Sé deliberado a la hora de decidir a quién llamas.
- ❑ Pon, en un lugar visible, la lista de estudiantes a los que quieres llamar en clase.

Después de la clase

- ❑ Reflexiona sobre los tipos de conversaciones que pudiste estimular en clase y la diversidad de estudiantes y puntos de vista reflejados en estas conversaciones.
- ❑ Escribe las lecciones aprendidas para tu próxima clase.

Resumen del capítulo

- Las conversaciones tienden a tomar más tiempo en un aula virtual que en una física. Ten en cuenta esta diferencia cuando planifiques tu clase.
- Establece normas para que los estudiantes levanten la mano durante la clase.
- Hay muchas técnicas para hacer buenas preguntas y ayudar a estimular a los estudiantes a participar en la clase. Úsalas.

Capítulo 4 – Votar

Si tienes una clase con más de una docena de estudiantes, una forma muy eficaz de agregar los puntos de vista de tus estudiantes y de ayudarte a entender su nivel de conocimiento sobre un tema en particular es hacer una pregunta y pedirles que voten. Pedirles a los estudiantes que voten tiene muchos beneficios,[11] incluyendo:

- Incentiva a los estudiantes a que se involucren activamente con el material.
- Fomenta la participación de todos los estudiantes.
- Proporciona una visión más objetiva de las perspectivas de los estudiantes sobre un tema.
- Ayuda a comprobar, tanto a ti como a tus estudiantes, la comprensión durante la clase.
- Ayuda a ajustar tu plan de enseñanza al nivel de conocimiento de los estudiantes.

Para una descripción excelente y completa del uso de votaciones en la enseñanza, recomiendo altamente el libro de Derek Bruff, *Teaching with Classroom Response Systems* (2009). Aunque el libro fue escrito con un aula física en mente, sus principios clave y ejemplos maravillosos lo convierten en una excelente guía para el uso de votaciones en la enseñanza virtual. Para una guía más corta sobre el uso de los dispositivos de votación, puedes consultar el artículo que Bruff escribió para el Centro de Enseñanza que dirige en la Universidad de Vanderbilt. Los enlaces a estos recursos están disponibles en el sitio web complementario del libro. La siguiente tabla te da una idea de los tipos de preguntas que puedes hacer al encuestar a tus estudiantes.

Tabla 4.1 – Tipos de preguntas en las votaciones

Tipo de pregunta	**Ejemplo**
Recordar	¿Cómo se llaman las unidades básicas de la vida? A. Bacterias B. ADN C. Células D. Genes

Comprensión conceptual	Lanzas un dado dos veces. ¿Cuál es la probabilidad de obtener al menos un 6? A. 1/6 B. 2/6 C. 1/36 D. 11/36 E. Ninguna de las anteriores F. No sé.
Aplicación	Los evaluadores están estudiando el impacto de un programa de microfinanzas mediante un experimento aleatorio. Supongamos que hubiera una sequía en la región donde se estaba realizando el estudio. ¿Cómo afecta esta sequía la credibilidad del estudio? A. No afectaría la credibilidad B. Afectaría un poco la credibilidad C. Afectaría mucho la credibilidad D. No sé.
Perspectivas de los estudiantes	Si estuvieras en los zapatos del protagonista del caso, ¿te fusionarías con la otra compañía? A. Sí B. No
Preferencias de los estudiantes	¿Cuál de los siguientes temas te gustaría discutir hoy en nuestra sesión de preparación para el examen parcial? A. Funciones de utilidad B. Bienes públicos C. Externalidades D. Impuestos E. Subsidios

Nivel de confianza	¿Qué tan seguro(a) estás acerca de tu respuesta a la pregunta anterior? A. Muy seguro(a) B. Seguro(a) C. Un poco seguro(a) D. Nada seguro(a)
Preguntas de retroalimentación/monitoreo	¿Qué tan difícil fue la tarea que acabas de entregar? A. Muy fácil B. Fácil C. Apropiado D. Difícil E. Muy difícil

Fuentes: Tipología adaptada de Bruff (ver publicación). Las respuestas correctas para las dos primeras preguntas son C y D.

En la práctica 4.1 – Uso de las votaciones

En 2008, participé en un taller de enseñanza sobre el uso de dispositivos de votación e instrucción entre compañeros (*peer instruction*) dirigido por el Profesor de Física de Harvard, Eric Mazur. Este taller y varias conversaciones posteriores con Eric han influido profundamente en mi forma de enseñar. Luego, en el otoño de 2010, tuve un "momento ajá". Mientras enseñaba una sesión sobre probabilidad, usé un dispositivo de votación para plantear lo que creía que era una "pregunta de calentamiento", esperando que al menos 80% de mis estudiantes respondiera correctamente. Pero cuando llegaron los resultados de la votación, me quedé atónito y permanecí en silencio frente a la clase por más de un minuto. Sólo 17% de los participantes había respondido correctamente a la pregunta. Esta fue una experiencia que me hizo más humilde como maestro: me permitió darme cuenta de lo "desconectado" que podía estar del nivel de conocimiento de mis estudiantes. Desde ese día, he usado frecuentemente votaciones en mis clases para evaluar la comprensión de mis estudiantes, "tomar la temperatura" en el aula, medir los niveles de interés en diferentes temas o actividades y hacer preguntas sensibles, entre otros propósitos.

El resto de este capítulo está organizado de la siguiente manera. Primero, discuto si las votaciones deben ser anónimas, una decisión fundamental a la hora de diseñarlas. Tanto para las votaciones anónimas como para las no anónimas, discuto cómo implementarlas en Zoom, sus ventajas relativas clave, qué hacer después de la votación y algunos ejemplos de docentes que las utilizan. Luego, exploro cómo usar las votaciones en clases pequeñas. Finalmente, termino con algunos consejos técnicos, una lista de control para el uso de votaciones y un resumen del capítulo.

4.1 ¿Deberían ser las votaciones anónimas?

Una decisión clave que hay que tomar es si los votos de los estudiantes serán anónimos. Una votación anónima te permite ver cómo los estudiantes votaron en conjunto (por ejemplo, 23% votó por la opción A, 54% votó por la opción B, etc.) sin identificar qué estudiante votó por qué opción. Una votación no anónima permite ver tanto los resultados agregados como la forma en que cada estudiante votó individualmente. El método para realizar las votaciones no anónimas sugerido en la siguiente tabla también permite a los estudiantes ver los votos de otros en el aula.

Tabla 4.2 – Características principales de las votaciones anónimas vs. no anónimas

Tipo de votación	Herramienta de Zoom sugerida	Características principales
Anónima	Votación (en la barra principal de herramientas de Zoom)	Puedes ver los resultados agregados, pero no los votos individuales.

		Puedes decidir cuándo compartir los resultados de la votación con los estudiantes. Debes crear las preguntas en Zoom antes de la clase.
No anónima	Botones en la parte inferior de la lista de participantes (Sí, No, Ir más despacio, Ir más rápido, etc.)	Puedes ver tanto los resultados agregados como los votos individuales. Los estudiantes también pueden ver cómo votan los demás estudiantes. Puedes crear las preguntas antes de la clase, pero también sobre la marcha.

Figura 4.1 – Reporte de resultados en votaciones anónimas vs. no anónimas

Votaciones anónimas | *Votaciones no anónimas*

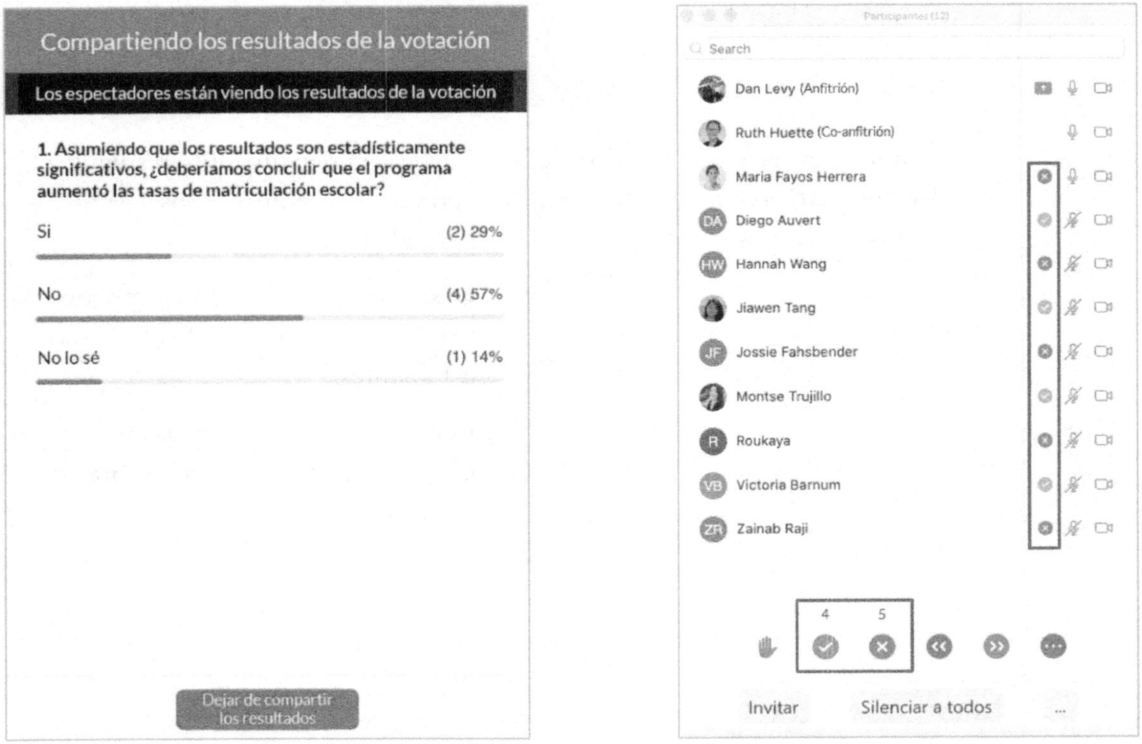

Puedes usar una mezcla de votaciones anónimas y no anónimas en tu enseñanza. A continuación, se describen las ventajas y desventajas de cada una para ayudarte a decidir cuándo usar cada tipo de votación.

Votaciones anónimas

En Zoom, puedes usar la función "Votación" para votaciones anónimas. A continuación, se muestra una tabla que explica las diferentes tareas asociadas a esta función, e información sobre cuándo hacerlas y quién puede hacerlas. Ten en cuenta que los resultados de la votación son visibles para ti cuando terminas la votación, y sólo se hacen visibles para los estudiantes si decides compartir los resultados. Esto significa que puedes ver los resultados agregados de la votación en privado, y luego decidir si y cuándo compartir los resultados con tus estudiantes.

Tabla 4.3 – Tareas de la función "Votación" de Zoom para votaciones anónimas

Tarea	Cuándo hacerlo	Quién puede hacerlo
Crear la(s) pregunta(s) para la votación	Antes de la clase	Persona que crea la sesión de Zoom
Iniciar votación	Durante la clase	Anfitrión o coanfitrión
Terminar votación	Durante la clase	Anfitrión o coanfitrión
Compartir los resultados de la votación	Durante la clase	Anfitrión o coanfitrión
Reiniciar la votación	Durante la clase	Anfitrión o coanfitrión

Para obtener tutoriales detallados sobre cómo realizar cada una de estas tareas, visita el sitio web complementario.

Para iniciar una votación anónima durante tu clase en vivo, haz clic en el ícono "Votación" en la barra principal de herramientas de Zoom, que te dará la opción de iniciar cualquiera de las preguntas de la votación que creaste para esa sesión. Selecciona la pregunta que quieras usar y luego haz clic en "Iniciar votación". Ver la foto de más adelante. Si el ícono de "Votación" no aparece en tu barra de Zoom, debes añadirlo (consulta la sección "Consejos técnicos" más adelante para obtener instrucciones).

Figura 4.2 – Lanzamiento de una votación anónima desde la barra principal de herramientas de Zoom

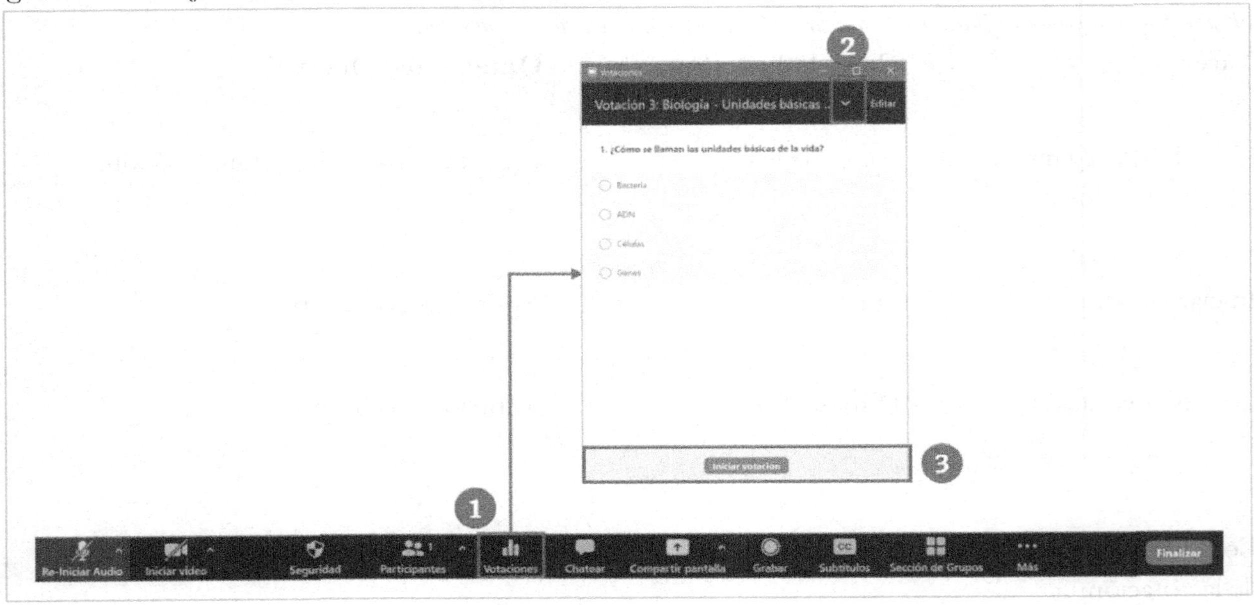

Una votación anónima tiene la ventaja de que los estudiantes probablemente serán más propensos a expresar sus opiniones reales sobre la pregunta que les haces. Esto es particularmente importante con preguntas que son sensibles o cuando los estudiantes pueden sentirse nerviosos a la hora de expresar puntos de vista impopulares. Pero también es importante para otras preguntas en las que los estudiantes que no están seguros de su respuesta podrían, deliberada o inadvertidamente, ponerse del lado de la mayoría emergente (o de estudiantes específicos que se sabe que son fuertes en el tema), lo que podría llevarte a evaluar incorrectamente el nivel de comprensión de tus estudiantes.[12] Finalmente, recuerda que, al hacer una votación anónima, los estudiantes no saben cómo votaron los demás hasta que tú compartes los resultados. Mi consejo general es que si quieres tener un debate interesante, no compartas los resultados de la votación hasta que el debate haya terminado, para que los estudiantes no se vean indebidamente influenciados por la forma en que otros votaron. La posible excepción a este consejo es si la votación está muy dividida (es decir, las 2 o 3 opciones más populares reúnen un porcentaje similar de votos), en cuyo caso mostrar los resultados podría estimular a las personas que no estaban seguras de su respuesta a participar.

¿Qué debo hacer después de realizar una votación en clase?

Después de realizar una votación anónima y ver los resultados en privado, puedes tomar una serie de medidas. A continuación, se presenta una tabla que resume varias opciones. Algunas provienen de Mazur (1997) y Bruff (2009), mientras que otras son adaptaciones propias. Por supuesto, puedes mezclar algunas de estas opciones, proponer variantes o utilizar otras completamente diferentes; esta lista sólo pretende estimular tu pensamiento. Si estás interesado en ver algunas de estas acciones en la práctica, consulta el sitio web complementario.

Tabla 4.4 – Algunas posibles acciones después de realizar una votación y ver los resultados

	Uso típico	**Posibles acciones**			
A	Los resultados iniciales de la votación muestran que la clase está muy dividida y los estudiantes podrían beneficiarse de una discusión en grupos pequeños antes de un debate más amplio	Discusión en grupos pequeños	Volver a realizar la votación	Discusión con toda la clase	Compartir los resultados de la votación con los estudiantes
B	Los resultados iniciales de la votación muestran que la clase está muy dividida y quieres tener un debate	Compartir los resultados de la votación con los estudiantes	Discusión con toda la clase		
C	Los resultados iniciales de la votación no están divididos (es decir, la mayoría de los estudiantes votaron por una respuesta)	Compartir los resultados de la votación con los estudiantes	Explica la respuesta o invita a un estudiante a argumentar la respuesta de la mayoría.		
D	Utiliza los resultados de la votación sólo para saber dónde están los estudiantes y ayudar a dirigir la discusión	Discusión en clase			
E	Quieres ver cuánto cambian los estudiantes su punto de vista como resultado de la discusión de toda la clase	Discusión con toda la clase	Volver a realizar la votación	Discusión en clase	Compartir los resultados de la votación con los estudiantes

Si no has usado votaciones en tu enseñanza, un pequeño paso para empezar es preparar una pregunta para tu próxima clase, iniciar la votación, ver los resultados e invitar a la clase a discutir/defender su respuesta. Si tienes dificultades para hacer que los estudiantes participen, puedes dar un empujón a algunos de ellos diciendo algo como: "40% de ustedes votó no. ¿Puede alguno de ustedes compartir con la clase por qué piensan eso?".

Una desventaja de usar la función de votación de Zoom es que para crear una pregunta mientras estás en clase tienes que ir a tu cuenta de Zoom en la web, escribir la pregunta, escribir las posibles respuestas, volver a Zoom e iniciar la votación. Esto puede llevar tiempo. Por esta razón, es mejor crear la(s) pregunta(s) antes de la clase, una tarea que debe ser realizada por la persona que creó la reunión de Zoom. Una forma de abordar esta desventaja de las votaciones anónimas es incluir en tu lista de preguntas para cada clase una pregunta genérica que simplemente tenga como respuestas posibles A, B, C, D, etc. (ver imagen más adelante). De esta manera, si durante la clase se te ocurre una pregunta sobre la que quieres que tus estudiantes voten, puedes simplemente iniciar una votación con esta pregunta genérica.

Figura 4.3 – Votación genérica

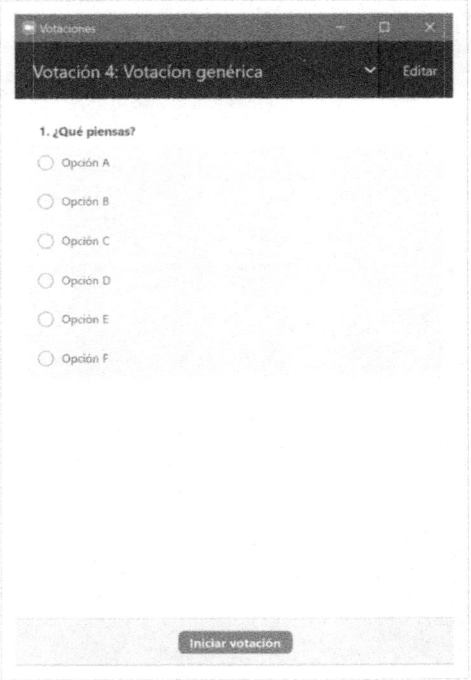

Votaciones no anónimas

El uso de una votación no anónima tiene la ventaja de que al saber cómo votó cada estudiante, puedes hacer un seguimiento de la votación preguntando a estudiantes específicos por qué hicieron la elección que hicieron. Esto podría ayudar a generar un debate interesante y hacer más fácil que llames a los estudiantes que no han participado mucho. También tiene la ventaja de que tiende a ser un poco más rápido y puedes hacer un llamado puntual a los estudiantes que no han votado para que voten (por ejemplo, "Ricardo, me he dado cuenta de que no has votado. ¿Podrías hacerlo, por favor?").

La forma más común de implementar una votación no anónima en Zoom es formular una pregunta y hacer que los estudiantes voten presionando uno de los botones al final de la lista de participantes. Una vez que lo hagan, su voto se reflejará en la lista de participantes y todos podrán ver cómo votaron los demás.

El uso típico de votaciones no anónimas es para las preguntas de sí/no. Pero si quieres usar una votación no anónima con más de dos posibles respuestas, puedes pedir a los estudiantes que usen otros botones al final de la lista de participantes. Por ejemplo, si crees que la respuesta es A, presiona "sí"; B, presiona "no"; C, presiona "ir más despacio"; y D, presiona "ir más rápido". Ve la imagen que aparece a continuación.

Figura 4.4 – Votación no anónima con más de dos respuestas posibles

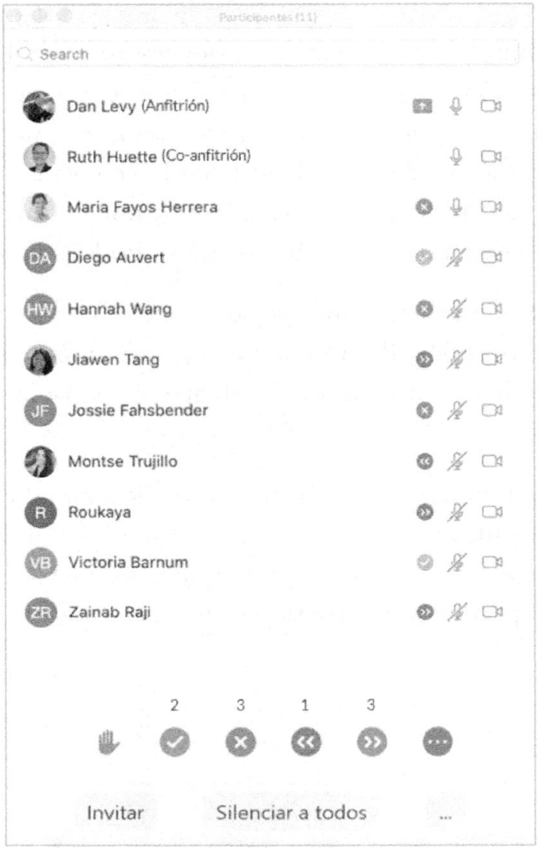

Puedes crear preguntas para votaciones no anónimas por adelantado o sobre la marcha. Independientemente de cuándo las crees, es útil ser muy explícito con los estudiantes sobre cómo votar. Para las preguntas de sí/no, es bastante obvio para los estudiantes saber qué hacer. Pero incluso entonces, ten en cuenta que algunos estudiantes pueden no haber escuchado bien la pregunta, así que considera la posibilidad de tener una pista visual (por ejemplo, una diapositiva) que refleje cuál es la pregunta. Además, para las preguntas en las que la correspondencia entre las posibles respuestas y los botones de Zoom no es obvia, ser explícito es crucial. En mi propia práctica de enseñanza, tiendo a mostrar a los participantes una diapositiva que indica la correspondencia entre las posibles respuestas y los botones de Zoom. Ve el ejemplo de diapositiva a continuación.

Figura 4.5 – Ejemplo de diapositiva para votaciones no anónimas

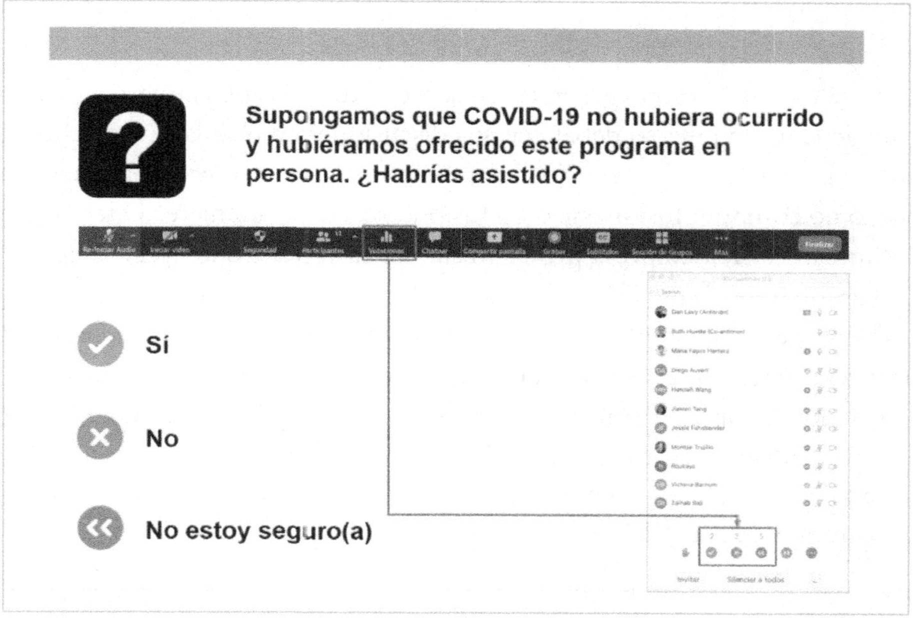

En la práctica 4.2 – Usando votaciones no anónimas

Rebecca Nesson, decana asociada del Plan de Estudios de la Universidad de Harvard, enseña cursos de informática y matemáticas en Harvard y utiliza votaciones no anónimas de manera interesante y flexible. Rebecca frecuentemente hace una pregunta durante la clase seguida de "Si crees que la respuesta es X, presiona Sí; si crees que la respuesta es otra, presiona No". Después de que los estudiantes han votado, ella deliberadamente escoge a un estudiante de la lista y le pide que justifique su elección (por ejemplo, "Patricia, me di cuenta de que votaste sí. ¿Podrías, por favor, explicar tu razonamiento a la clase?"). Ella cree que esto le funciona mejor que la tradicional llamada en frío (donde llamas a un estudiante para que responda a una pregunta inmediatamente después de hacerla), porque sabe que el estudiante ya ha pensado en la pregunta y es probable que tenga algo que decir.

Rem Koning imparte cursos de estrategia en la Escuela de Negocios de Harvard y utiliza votaciones no anónimas para generar un intenso debate en sus discusiones en el aula. En muchos de los casos que se estudian en las escuelas de negocios, el protagonista tiene que tomar una decisión (por ejemplo, comprar o no comprar, fusionarse o no fusionarse, etc.). En una reciente clase virtual, Rem preguntó a los estudiantes si la empresa protagonista del caso tenía que hacer "más de lo mismo" (pulse "Sí") o "hacer diferente" (pulse "No"). Luego, escribió en un rotafolio, ubicado detrás de él, dos columnas -"Más de lo mismo" y "Hacer diferente"- y procedió a pedir a determinados estudiantes que presentaran argumentos para apoyar cada una de las opciones (por ejemplo, "Verónica, votaste por la opción Hacer diferente. ¿Puedes explicar por qué?"), anotando los comentarios de los estudiantes en cada una de las columnas. Siento que la adaptación de Rem al entorno virtual de lo que tradicionalmente ocurre en el aula de una escuela de negocios es creativa e ingeniosa. Ve la imagen de más adelante.

Figura 4.6 – El profesor de la Escuela de Negocios de Harvard, Rem Koning, adaptando los métodos tradicionales de votación

4.2 Uso de las votaciones en clases pequeñas

Si enseñas a una clase relativamente pequeña (menos de veinte estudiantes), puedes encuestar a tus estudiantes de maneras distintas a las descritas anteriormente. Por ejemplo, puedes hacer una pregunta de opción múltiple, y pedir a los estudiantes que muestren un dedo de la mano si creen que la respuesta es 1; dos dedos si es 2, y así sucesivamente. O puedes hacer que los estudiantes te muestren tarjetas de diferentes colores (rojo para la primera respuesta, azul para la segunda, etc.). Luego, puedes explorar rápidamente los videos de tus estudiantes en la Vista de la Galería para tener una idea del voto agregado y saber cómo votaron estudiantes específicos. La ventaja de hacerlo de esta manera, en vez de usar la herramienta de votaciones de Zoom, es que probablemente puedas hacerlo un poco más rápido.

En la práctica 4.3 – Uso de las votaciones en clases pequeñas

Shoshanna Kostant es una maestra de la escuela secundaria de Brookline, en Massachusetts. Divide su clase en dos grupos para poder llevar a cabo sesiones más pequeñas con cada uno, y combina la votación con otros enfoques de enseñanza de una manera muy creativa.

Cuando quiere hacer una votación rápida no anónima, pide a sus estudiantes que señalen su respuesta con las manos (por ejemplo, si crees que esta serie converge, muestra tu mano en forma de una "C"; si crees que diverge, muestra tu mano en forma de una "D"). Esto le permite ver muy fácil y rápidamente cómo votaron sus estudiantes, con sólo mirarlos en la Vista de la Galería.

Cuando quiere hacer una votación anónima, Shoshanna pide a sus estudiantes que compartan con ella su respuesta, en privado. Esto tiene la ventaja de que no necesita dar a sus estudiantes una lista de posibles respuestas que tendría que pensar de antemano, y le permite identificar posibles entendimientos erróneos de los que tal vez no se había dado cuenta. Puede decir simplemente: "Resuelve este problema y envíame tu respuesta a través del chat privado", y luego examinar las respuestas de sus estudiantes y llamar a cualquiera de ellos para explicar su respuesta.

Consejos técnicos

- Si la función "Votación" no aparece en la barra principal de herramientas de tu versión de Zoom, tienes que añadirla. Ten en cuenta que esta función no está disponible actualmente en el plan básico (gratuito) de Zoom. Para añadir la función "Votación" a la barra principal de herramientas de tu versión de Zoom, sigue estos pasos:
  - Inicia una sesión en tu cuenta de Zoom en tu navegador. La dirección web dependerá de la configuración de tu institución.
  - En la barra de navegación de la izquierda, haz clic en Configuración. Ve la imagen a continuación.

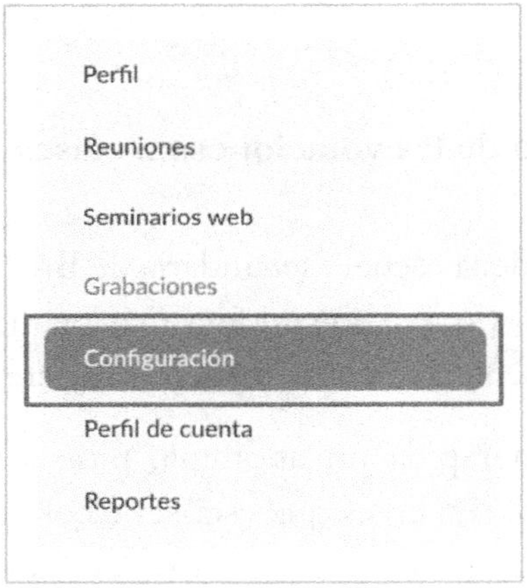

- Haz clic en el submenú "En la reunión (básico)" y desplázate hacia abajo hasta encontrar el elemento relacionado con las votaciones. Asegúrate de que esté activado.

- Para hacer una votación usando la función de votación de Zoom, recuerda que es mejor crear las preguntas en Zoom **antes** de la sesión de clase. Una vez en la clase, puedes iniciar una votación con cualquiera de las preguntas que estén precargadas para esa clase.

- Sólo la persona que configura la reunión de Zoom puede crear las preguntas para las votaciones en esa reunión/clase. Por lo tanto, si alguien está organizando tus sesiones de Zoom o si te invitan a dar una clase, debes coordinar con la persona que organiza la(s) reunión(es) de Zoom para que cree(n) tu(s) pregunta(s) antes de tu clase. Una vez que la clase comience, tanto los anfitriones como los coanfitriones pueden iniciar las votaciones, compartir resultados, etc.

- Cuando compartes los resultados de la votación, tus estudiantes ven una ventana donde los resultados aparecen frente a su pantalla de Zoom. Una vez que dejen de compartir la votación, esta ventana desaparecerá.

- Las capacidades de la herramienta de Zoom para realizar votaciones son bastante básicas. Sólo puedes crear dos tipos de preguntas: de opción múltiple (el encuestado puede seleccionar sólo una respuesta) o de respuesta múltiple (el encuestado puede seleccionar una o más respuestas). Hay aplicaciones de votaciones (como polleverywhere, mentimeter, etc.) que ofrecen más capacidades (como hacer preguntas en las que los encuestados pueden teclear palabras y se forma una nube de palabras). Podrías utilizar estas aplicaciones de votaciones junto con Zoom, y pedir a tus estudiantes que visiten un sitio externo para responder a la pregunta, tal vez enviándoles el enlace en el chat cuando quieras que lo hagan. La desventaja de usar otra aplicación es que los estudiantes ya están gestionando varias ventanas en una llamada de Zoom (vista de la galería, lista de participantes, chat, programa para tomar notas, etc.), por lo que usar una aplicación de votaciones fuera de Zoom añade una ventana más. Si los estudiantes están gestionando todo desde un ordenador portátil y/o no tienen muchos conocimientos tecnológicos, esta desventaja puede ser especialmente importante. En resumen, la función de votación de Zoom es más conveniente, pero menos potente. Aunque yo era un gran usuario de una aplicación de votaciones más sofisticada en el aula física, he tendido a usar Zoom para las votaciones en clases virtuales. Mi esperanza es que en un futuro próximo las capacidades de votación de Zoom mejoren y/o las aplicaciones de votación más sofisticadas construyan integraciones con Zoom que permitan a los estudiantes votar sin salir de la interfaz de Zoom.

- También puedes usar la función de votación de Zoom para realizar una votación no anónima. De hecho, esta es la opción predeterminada de Zoom. Pero lo que Zoom llama una votación no anónima sólo te permite descargar **después** de la clase el informe que te indica cómo votó cada estudiante junto a su nombre (asumiendo que los estudiantes se registraron en la reunión de Zoom). Este informe no está disponible durante la clase, por lo que puede ser útil para analizar lo que sucedió después de la clase, pero no para tomar decisiones en clase (por ejemplo, a quién llamar). Por esta razón, recomiendo que, si deseas realizar una votación no anónima, pidas a los estudiantes que voten utilizando los botones que se encuentran en la parte inferior de su lista de participantes (como se describió anteriormente en este capítulo).

- Si no hay demasiados estudiantes en tu clase, puedes utilizar las votaciones no anónimas para asignar participantes a las sesiones de grupos pequeños. Por ejemplo, podrías decir: si quieres hacer la actividad A, presiona "sí"; B presiona "no"; C presiona "ir más despacio"; y D presiona "ir más rápido". Para más detalles, consulta el capítulo 6.

Ejemplo de lista de control para el uso de votaciones

- ❑ Decide qué votaciones piensas usar en clase.
- ❑ Para votaciones anónimas, crea la(s) pregunta(s) en Zoom antes de la clase.
- ❑ Para las votaciones no anónimas, da instrucciones claras o utiliza un recurso visual claro explicando cómo votarán los estudiantes.
- ❑ Ten un plan claro de qué harás durante la clase una vez que los estudiantes hayan votado.

Resumen del capítulo

- Las votaciones pueden ser una herramienta muy útil para involucrar a los estudiantes, evaluar su nivel de conocimiento y enseñar de una manera más flexible.
- Para cada votación que pienses utilizar, considera si quieres que sea anónima o no. Hay ventajas y desventajas en la elección y mi enfoque recomendado para implementar cada una en Zoom difiere (sugiero la herramienta de votación de Zoom para las votaciones anónimas, y los botones de Zoom al final de la lista de participantes para las votaciones no anónimas).
- Sé deliberado sobre lo que planeas hacer una vez que conozcas los resultados de la votación. Las opciones clave incluyen dirigir un debate con toda la clase, pedir a determinados estudiantes que justifiquen su voto y asignar a los estudiantes que trabajen más sobre el tema en sesiones de grupos pequeños. Considera la posibilidad de volver a hacer una votación después de cualquiera de estas actividades, para ver si los puntos de vista de la clase cambiaron.

Capítulo 5 – Escribir

Si bien las votaciones son muy útiles para rápidamente hacerte una idea de los puntos de vista de tus estudiantes, a veces quieres saber lo que están pensando de una manera menos estructurada que usando preguntas de opción múltiple. La función de chat de Zoom permite a los estudiantes escribir lo que piensan a medida que la clase avanza y/o en respuesta a una pregunta tuya. Si alguna vez has soñado con enseñar en un aula donde pudieras ver en burbujas de pensamiento lo que está pasando por la mente de tus estudiantes, quizás quieras considerar el uso del chat en tus clases virtuales en vivo.

Figura 5.1 – Burbujas de pensamiento

Fuente de la imagen: Classroom Doodle Diva.

Aun así, el uso del chat en una clase virtual en directo es controversial. Algunos docentes animan a sus estudiantes a usarlo libremente; muchos ponen algunas restricciones (por ejemplo, que todos o sólo el docente puedan ver lo que los estudiantes están escribiendo); y otros simplemente lo prohíben. Los estudiantes también parecen estar divididos: algunos piensan que es una forma útil de participar, y a otros les molesta. En el cuadro que figura a continuación se señalan algunas de las principales ventajas y desventajas de utilizar el chat en una sesión de clase en vivo. En la última fila se asume que estás utilizando la configuración más abierta (y actualmente predeterminada) de Zoom, que permite a los estudiantes ver lo que otros estudiantes están escribiendo.

Tabla 5.1 – Principales ventajas y desventajas de utilizar el chat durante la clase

Principales ventajas	**Principales desventajas**
+ Te permite ver rápidamente lo que está en la mente de tus estudiantes, de manera más eficiente que en un aula física. + Te ayuda a descubrir los temas que necesitas abordar/aclarar durante la clase. + Puede ayudar a resolver rápidamente problemas técnicos. + Proporciona un espacio adicional de participación para los estudiantes que podrían dudar en hablar en clase. + Permite que más estudiantes se involucren y participen activamente en la clase (al igual que con la votación).	– Puede resultarte difícil de monitorear mientras tratas de manejar muchas otras cosas durante la clase. – Puede distraerte.
Si los estudiantes pueden ver lo que otros estudiantes están escribiendo:	
+ Ayuda a los estudiantes a aprender unos de otros sin tu intervención. + Los estudiantes pueden ayudar a responder las preguntas de otros estudiantes.	– Puede ser una distracción para los estudiantes.

+ Puede traer un conjunto más rico de perspectivas a la clase.

+ Crea una comunidad, al permitir a los estudiantes interactuar y aprender unos de otros.

La tabla anterior sugiere que hay más ventajas que desventajas en el uso del chat, pero este balance puede crear una impresión falsa, porque las desventajas son grandes. Trataré el tema de las desventajas más adelante, pero antes de hacerlo, examinemos las formas en las que puedes utilizar el chat en tu clase virtual en vivo.

5.1 Principales usos del chat

Usa el chat para que los estudiantes respondan a tus preguntas

Pedir a tus estudiantes que escriban en el chat puede ser una forma muy eficaz de averiguar rápidamente lo que piensan sobre un tema o asunto específico. En una clase tradicional, puedes formular una pregunta y luego hacer que algunos estudiantes respondan verbalmente. Dado que este proceso es secuencial (no quieres que todos los estudiantes hablen al mismo tiempo), es probable que lleve más tiempo e involucre a menos estudiantes que el uso de la herramienta de chat (en la que varios estudiantes pueden escribir al mismo tiempo).

El uso del chat permite buscar rápidamente patrones interesantes en las respuestas de los estudiantes, sacar un comentario particularmente interesante para discutirlo verbalmente y pedir a un estudiante -al que se quiere invitar a participar en la clase- que amplíe su comentario del chat. En un aula física tradicional, todo esto sería mucho más difícil y llevaría mucho más tiempo.

A continuación, se presentan algunos ejemplos ilustrativos de los tipos de preguntas para los que la función de chat funcionaría bien. Por supuesto, hay muchas más. La clave no está en tratar de encontrar una pregunta que se ajuste a la función de chat, sino más bien en detenerte a pensar en preguntas sobre las que te gustaría saber qué es lo que piensan tus estudiantes y preguntarte si el chat es el vehículo adecuado para descubrirlo. En el proceso de hacerlo, pueden surgir algunas preguntas que tal vez no hayas pensado en hacer en un aula física.

Sería conveniente que consideres dos factores a la hora de decidir si una determinada pregunta es una buena candidata para el chat y, en caso afirmativo, cómo comunicarla a tus estudiantes: (1) cuán larga anticipas que sea la respuesta típica (unas pocas palabras o una o dos frases es lo ideal en términos de tu capacidad para recoger y procesar los comentarios rápidamente); y (2) cuántos estudiantes esperas que participen (cuanto mayor sea el número, más estructura necesita la pregunta y más cortas deben ser las respuestas de los estudiantes).

Cuadro 5.2 – Posibles preguntas para que los estudiantes respondan utilizando el chat

Ejemplo de preguntas	**Metas**
Cuando escuchas el término X, ¿cuáles son las primeras palabras que te vienen a la mente?	Evaluar la comprensión inicial de los estudiantes de un concepto/idea e identificar posibles conceptos erróneos.
¿Qué ejemplos vienen a la mente para ilustrar Y?	Pregunta rápida y de baja barrera para participar, destinada a ayudar a los estudiantes a presentar una amplia gama de ejemplos que puedes aprovechar en el debate siguiente.
¿Qué preguntas tienes sobre el material hasta ahora?	Ayudar a descubrir las ideas/conceptos que necesitan ser aclarados. También puede ayudarte a ser más selectivo sobre las preguntas que respondes en clase.
¿Cómo aplicarías este concepto/idea a tu propia vida?	Ayudar a los estudiantes a aplicar lo que han aprendido. Normalmente, deberías darles un poco más de tiempo para responder este tipo de preguntas.

¿Cuáles son las ventajas y desventajas de X? ¿Cuáles serían las razones para hacer X?	Hacer rápidamente una lista que puedas usar para iniciar una conversación.
¿Cuáles son tus conclusiones clave (es decir, las lecciones aprendidas) de la clase de hoy?	Ayudar a tus estudiantes a ejercitar la memoria (un proceso que conduce al aprendizaje) y que te permite entender lo que tus estudiantes aprendieron en la clase (y compararlo con lo que tú planeaste que aprendieran).
¿Qué hiciste el fin de semana pasado?	Fomentar un sentido de comunidad antes de la clase.

Considerando la importancia de ser explícito cuando te comunicas con los estudiantes en las clases virtuales en vivo, a veces puede ser útil escribir la pregunta en un material visual (por ejemplo, una diapositiva, una pizarra, etc.) que los estudiantes puedan consultar mientras les pides que escriban en el chat. El mensaje también puede indicar cuán larga se espera que sea la respuesta. Ve el ejemplo que figura a continuación.

Figura 5.2 – Diapositiva con la pregunta que pide a los estudiantes que escriban en el chat

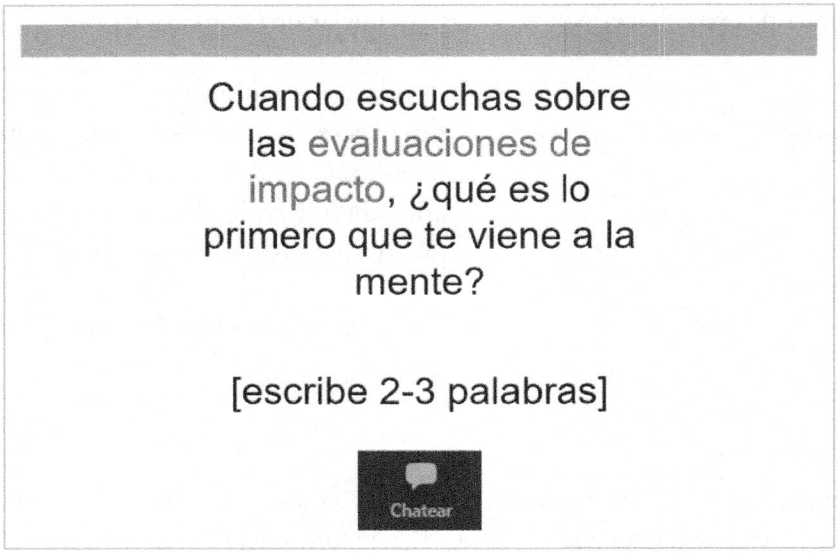

En la práctica 5.1 – Uso del chat en respuesta a su solicitud

Teddy Svoronos, docente de la Escuela Kennedy de Harvard y la persona más capacitada en el uso de la tecnología para enseñar eficazmente que he conocido, utiliza frecuentemente el chat para saber lo que está en la mente de sus estudiantes. En una clase reciente, pidió a sus estudiantes que escribieran en el chat los criterios metodológicos y prácticos relevantes para seleccionar un método estadístico en particular. En pocos segundos, tenía más de una docena de comentarios para elegir. Seleccionó algunos de ellos, los mencionó verbalmente a la clase y los escribió en la diapositiva que les estaba mostrando a los estudiantes (ver foto más adelante). Al final de la clase, pidió a los estudiantes que escribieran sus principales conclusiones de la sesión, lo que le dio una mejor comprensión de lo que los estudiantes habían aprendido, así como un punto de partida para su próxima clase.

Figura 5.3 – Anotando una diapositiva basada en los comentarios del chat (Teddy Svoronos)

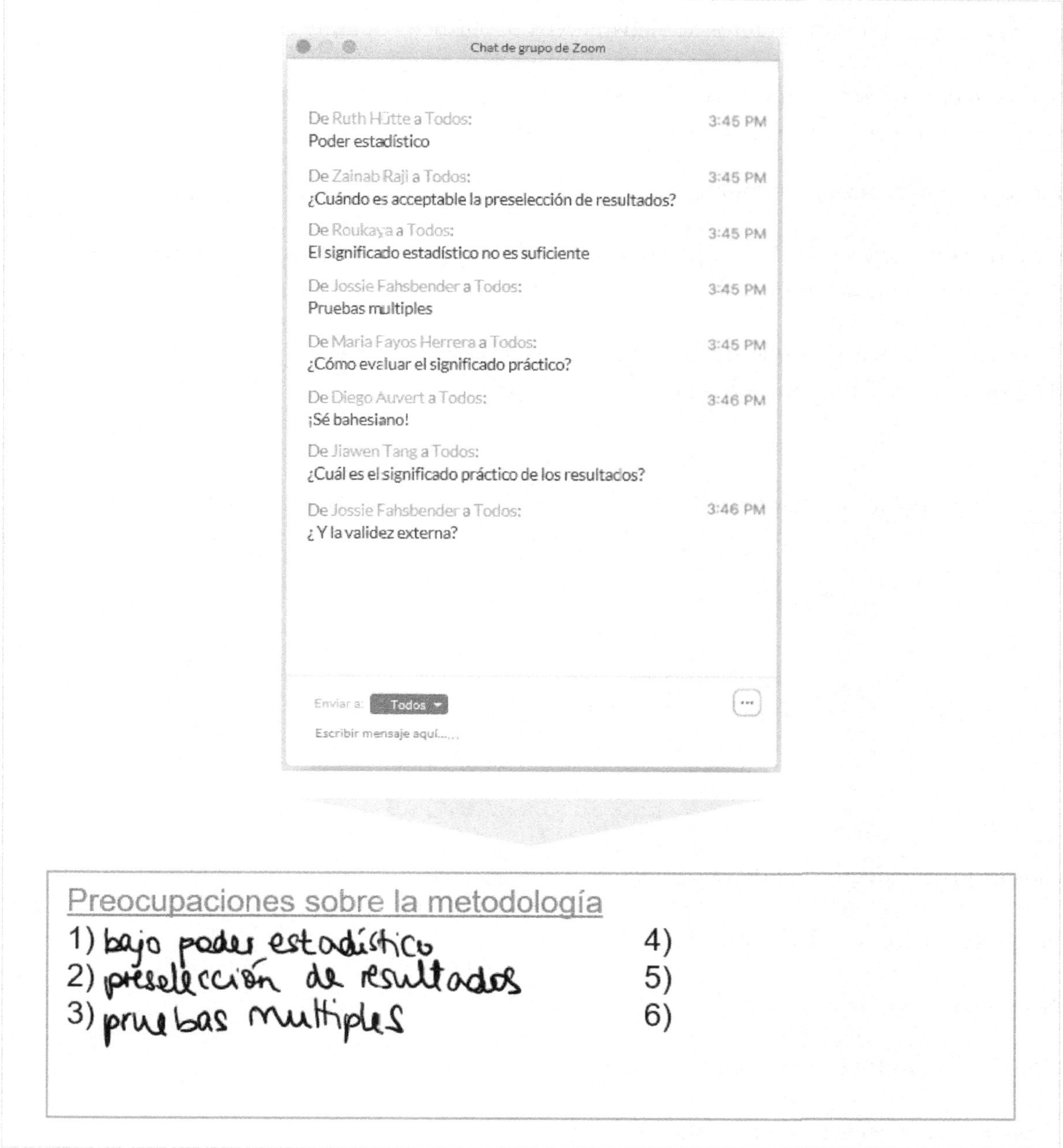

Uso del chat para comunicar asuntos administrativos o logísticos durante la clase

A veces el chat puede ser la forma más eficiente y discreta de comunicar mensajes que son relevantes para la logística del funcionamiento de la clase. He aquí algunos ejemplos:

- La clase comenzará en 2 minutos.
- Cuando comencemos la clase, le pediré al grupo #3 que presente las lecciones aprendidas en la última sesión. Por favor, asegúrense de que han designado un portavoz para su grupo y que están listos.
- Aquí está el enlace a un sitio que me gustaría que revisaran/trabajaran (por ejemplo, Presentaciones de Google para la próxima sesión de grupos pequeños).

Figura 5.4 – Rebecca Nesson envía un chat rápido para preparar a los estudiantes para comenzar su clase

En cuanto a los estudiantes, podrían comunicar mensajes como:

- No podemos ver tus diapositivas.
- No podemos escucharte bien.
- ¿Puedes repetir las instrucciones otra vez?
- ¿Cuánto tiempo tenemos para esta actividad?

Nota que algunas de las preguntas pueden ser respondidas por sus compañeros (no tienes que detener la clase para responderlas).

Uso del chat en modo privado

Algunas configuraciones en Zoom van más allá del uso público del chat descrito hasta ahora, donde cada comentario es visible por todos los estudiantes y el docente. Por defecto, un estudiante también puede escribir en privado a un individuo, incluyéndote a ti o a uno de sus compañeros. Puedes modificar la configuración predeterminada de Zoom para que algunos de estos tipos de mensajes estén permitidos y otros no. Consulta la sección "Consejos técnicos" para saber cómo hacerlo.

Si decides usar el chat bajo un cierto conjunto de normas (ver más adelante), mi sugerencia es que especifiques el uso de estos ajustes al momento de desarrollarlas. Por ejemplo, si tienes una persona que puede ayudar a los estudiantes a abordar temas de apoyo técnico, tal vez quieras alentar a los estudiantes a que charlen en privado con esa persona, para evitar distraer a otros estudiantes de la clase con asuntos técnicos que sólo son pertinentes para determinadas personas.

Uso del chat en forma libre

A veces los estudiantes usan el chat simplemente para comunicar lo que están pensando mientras la clase se lleva a cabo. Algunos de los comentarios están destinados a expresar puntos de vista que concuerdan, contradicen o complementan los planteamientos que se están haciendo verbalmente o a través del chat. Algunos comentarios del chat van seguidos de otros comentarios del chat que coinciden, contradicen o complementan. Cuando esto sucede, puede parecer que hay dos conversaciones paralelas que tienen lugar en el aula virtual: una por voz y otra por chat. A veces los estudiantes publican en el chat enlaces que se relacionan -o no- con una de las dos conversaciones. De hecho, a menudo hay más de dos conversaciones que tienen lugar, porque a veces varios estudiantes escriben en el chat simultáneamente y se producen varios hilos de conversación dentro del chat. Estos escenarios han hecho que algunos docentes y estudiantes se opongan al uso del chat en las clases virtuales en vivo.

Figura 5.5 – Uso del chat en forma fluida que conduce a varias conversaciones en la clase

5.2 El caso en contra del chat

El principal argumento contra el uso del chat en las clases en línea es que representa una distracción tanto para el docente como para los estudiantes. Para el docente, monitorear el chat mientras está enseñando puede ser un desafío. En una clase virtual típica, estás prestando atención a muchas cosas más allá de la ejecución de tu plan de clase: el video de los estudiantes (para conectar con ellos y leer su lenguaje no verbal); la lista de participantes (para que puedas llevar un registro de quién está levantando la mano); las diapositivas/visuales que estás presentando; el reloj (para llevar la cuenta del tiempo), y así sucesivamente.

Agregar el monitoreo de la ventana de chat a esta lista puede parecer una tarea abrumadora, especialmente si eres nuevo(a) en la enseñanza de sesiones virtuales en vivo y/o si no te sientes muy cómodo(a) con la tecnología.

Una forma de abordar este problema es designar a otra persona para que supervise el chat. La persona ideal es un colega o un asistente que esté familiarizado con el contenido de la clase y con tu plan de clases, de modo que pueda juzgar qué es lo que amerita tu atención. Si esto no es posible, pero aún así quieres que alguien supervise el chat, puedes asignar a alguien (tal vez un estudiante) para que desempeñe este papel y darle instrucciones sobre el tipo de mensajes que debe traer a tu atención y cuándo debe hacerlo. Por último, podrías designar momentos en los que piensas revisar el chat y decir a los estudiantes que sólo entonces lo revisarás.

En la práctica 5.2 – Tener a alguien que supervise el chat

Julie Wilson, docente titular de la Escuela Kennedy de Harvard, enseñaba hace poco en un programa para profesionales con muchos años de experiencia. Me dio una lista de estudiantes a los que quería llamar durante la clase y una idea de lo que quería lograr en esa sesión. En algunos momentos de la clase, intervine con comentarios como "Julie: en el chat, varios estudiantes están expresando confusión sobre el término teoría del cambio en este contexto" o "Julie: Ahmad argumentó que la teoría del cambio está incompleta". Traté de asegurarme de que las intervenciones enriquecieran la conversación y no interrumpieran su flujo, así que por lo general intervine en respuesta a su pausa y a su pregunta: "Dan: ¿hay algo en el chat que recomendarías que abordáramos?". Este proceso le permitió a Julie aprovechar el chat sin tener que controlarlo directamente.

El segundo, y en mi opinión, el problema más grande con el chat es que puede distraer a los estudiantes. Muchas investigaciones han concluido que la mayoría de las personas no son buenas en hacer varias cosas a la vez (*multitasking*),[13] aunque así lo crean,[14] una autopercepción que agrava aún más el asunto. Mi propia experiencia al observar el uso del chat es que las conversaciones pueden desviarse frecuentemente del tema. E, incluso si son sobre el tema, es cognitivamente agotador tratar de prestar atención a dos conversaciones separadas. Por último, cualquier enlace publicado en el chat es una invitación a otra posible fuente de distracción, ya que los estudiantes se ven tentados a hacer clic inmediatamente en esos enlaces para ver el material.

5.3 El veredicto

La decisión de utilizar o no el chat -y, de hacerlo, la manera de utilizarlo- es una decisión personal. Lo que te puedo recomendar es que seas deliberado(a) al tomar la decisión y que comuniques claramente a tus estudiantes las razones que la motivan. Creo que tus opciones son las siguientes:

- Prohibir completamente el uso del chat.
- Permitir el uso del chat bajo un cierto conjunto de normas (cuándo usarlo, privado vs. público, etc.), y decidir cómo hacer cumplir estas normas (por ejemplo, instando a los estudiantes a que las acepten y/o imponiendo restricciones al cambiar la configuración de Zoom).
- Permitir el uso del chat libremente.

Si te inclinas por prohibir completamente el uso del chat, ten en cuenta que los estudiantes pueden decidir tener su propia forma de chatear fuera de Zoom. En ese caso, seguirán chateando, ¡pero tú no sabrás de qué están chateando! He visto a estudiantes hacer esto usando grupos de WhatsApp, canales de Slack, etc.

Mi opinión actual, que puede cambiar con el tiempo, es que el chat puede ser muy beneficioso si puedes desarrollar un conjunto de normas que funcionen para ti. A continuación, se presentan algunas que podrías considerar. También sospecho que en los próximos años habrá avances tecnológicos que podrán permitirnos manejar algunos de los desafíos del uso del chat que se plantean en este capítulo.

Tabla 5.3 – Ejemplo de normas para el uso del chat

Conjunto de normas estrictas	Conjunto de normas relajadas
• Úsalo en privado para soporte técnico.	• Úsalo en privado para soporte técnico.
• Úsalo públicamente sólo cuando te lo pida.	• Úsalo públicamente para preguntas o comentarios relacionados con la clase.

Por último, sea cual sea el conjunto de normas que decidas utilizar, es probable que sigas teniendo estudiantes que aún vean el chat como una distracción o que no les guste utilizarlo, pero que teman perderse algo importante si no le prestan atención. Una posible estrategia para abordar su preocupación es dar a estos estudiantes la opción de cerrar su ventana de chat, decirles que anunciarás verbalmente a toda la clase cualquier comentario en el chat que sea sensible al tiempo y relevante para toda la clase, e indicar que pondrás a disposición la transcripción del chat después de la clase (por ejemplo, publicándola en tu sistema de gestión del aprendizaje como Canvas o Moodle). Puedes copiar el contenido del chat al final de la clase o acceder a él en tu cuenta de Zoom (consulta el sitio web complementario para obtener instrucciones sobre cómo hacerlo).

Ejemplo de lista de control para el uso del chat

- [ ] Establece y comunica las normas. Considera la posibilidad de cambiar la configuración del chat de Zoom para ayudar a que se cumplan (consulta la sección "Consejos técnicos", más adelante).
- [ ] Toma medidas si se violan las normas.

- ❑ Decide quién monitoreará el chat. Si no eres tú, coordina cómo y cuándo quieres que la persona designada te haga llegar los comentarios del chat.
- ❑ Para cada pregunta que pienses hacer en clase, evalúa si el chat puede ser un vehículo productivo para recoger los puntos de vista de tus estudiantes.

Consejos técnicos

- Para cambiar la configuración del chat de Zoom una vez iniciada la sesión, simplemente ve a la parte inferior de la ventana de chat, haz clic en el cuadrado con los tres puntos y selecciona la opción que prefieras. Consulta la siguiente imagen para saber cómo cambiar los ajustes y la tabla que aparece a continuación para ver los ajustes actuales de Zoom. Ten en cuenta que también puedes cambiar la configuración predeterminada del chat de Zoom, para todas las reuniones de Zoom, si inicias sesión en tu cuenta de Zoom en un navegador web y accedes a la ficha Configuración.

Figura 5.6 – Cambio de la configuración del chat en Zoom

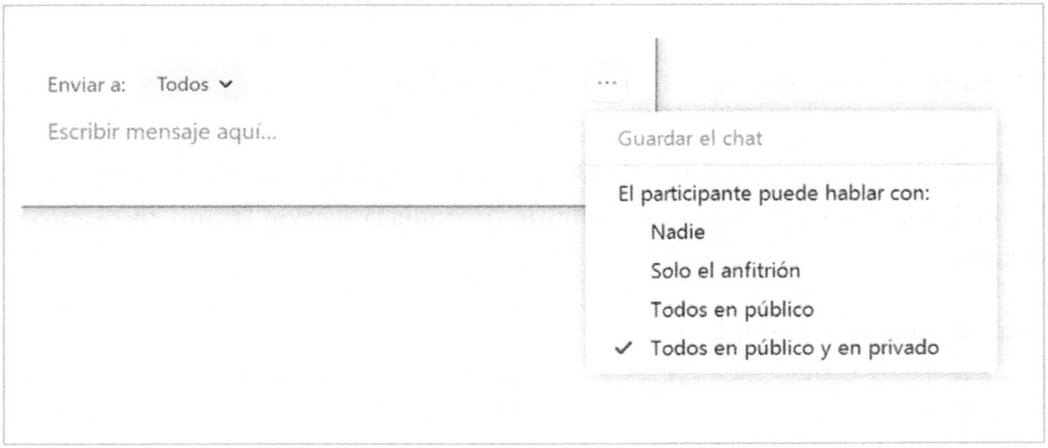

Tabla 5.4 – Ajustes actuales de Zoom

Cuán estricta es la configuración	**Los participantes pueden chatear con**	**Eso significa que…**
Muy estricta	Nadie	Tú estás prohibiendo el uso del chat. Puedes seguir utilizando la función de chat para enviar mensajes a tus estudiantes, pero ellos y ellas no pueden enviar o responder a los mensajes.
Estricta	Sólo el anfitrión	Tus estudiantes pueden enviarte mensajes privados (y a cada uno de tus coanfitriones), pero los mensajes no serán visibles para nadie más (en particular, para otros estudiantes, a menos que los asignes como coanfitriones).
Liberal	Todos (públicamente)	Tus estudiantes pueden escribir mensajes en el chat que serán visibles para ti y para todos los demás en la sesión, pero no pueden enviarse mensajes privados entre ellos.
Muy liberal	Todos (público y privadamente)	Tus estudiantes pueden enviar mensajes que serán visibles para todos los demás y también mensajes privados a otros estudiantes.

Resumen del capítulo

- El chat es una forma muy rápida y eficiente de averiguar lo que están pensando tus estudiantes.
- Aunque el uso del chat tiene varias ventajas, puede ser una distracción tanto para ti como para tus estudiantes.
- Si planeas usar el chat, establece algunas normas y comunícaselas a tus estudiantes.

Capítulo 6 – Trabajar en grupos

Los efectos positivos del trabajo en grupo han sido bien documentados en la literatura de enseñanza y aprendizaje.[15] En una clase virtual en vivo con más de una docena de estudiantes, dividir la clase en grupos pequeños puede ser una buena manera de lograr que los estudiantes se involucren, trabajen, reflexionen y aprendan de sus compañeros. Al dividir la clase en grupos pequeños y darles a los estudiantes una tarea significativa para completar o una pregunta significativa para responder, puedes darles a más estudiantes la oportunidad de involucrarse directamente con el material, más tiempo para procesar y dar sentido a lo que ha sucedido en la clase, y más oportunidades para hacer preguntas que podrían no sentirse cómodos de hacer en la clase. El trabajo en grupo también da a los estudiantes la oportunidad de aprender de otros que podrían ser más capaces que tú de comprender las dificultades que enfrenta alguien que está aprendiendo el material por primera vez. Cuando tienes una discusión con toda la clase, los estudiantes que no están hablando pueden distraerse y desvincularse más fácilmente que cuando están discutiendo en grupos pequeños.

Hacer que los estudiantes trabajen en grupos pequeños también tiene algunos inconvenientes. Puede parecerte que estás perdiendo el control de la clase y, a menos que expongas claramente lo que quieres que hagan tus estudiantes (ve los detalles más adelante), puede que los estudiantes no utilicen el tiempo de forma tan productiva como tú desearías.

En Zoom, envías a los estudiantes a lo que se llama "sesiones de grupos pequeños", donde pueden trabajar durante un período de tiempo. La "Sección de Grupos" es una función de Zoom que permite dividir la reunión de Zoom en sesiones separadas para cada grupo. Cuando se ubica a los estudiantes en las sesiones de grupos pequeños, su interfaz de Zoom es idéntica a la interfaz de Zoom normal, excepto que sólo pueden ver a los estudiantes de su grupo. La lista de participantes y el chat se convierten en privados para los estudiantes de ese grupo. Durante este tiempo, puedes visitar estas sesiones para escuchar las conversaciones y, cuando lo desees, puedes traerlos a todos de vuelta a la sesión principal.

Para crear las sesiones de grupos pequeños y enviar a los estudiantes a esas sesiones, debes hacer clic en el elemento "Sección de Grupos" en la barra principal de herramientas de Zoom. Consulta la sección "Consejos técnicos" que está más adelante para obtener instrucciones sobre cómo añadir este elemento a tu barra principal de herramientas (si no está allí).

Figura 6.1 – Envío de estudiantes a sesiones de grupos usando la barra principal de herramientas de Zoom

Muchos estudiantes ven las sesiones de grupos pequeños de forma muy positiva. En una reciente encuesta a estudiantes de la Escuela Kennedy de Harvard, más de un tercio de los encuestados mencionaron las sesiones de grupos pequeños cuando se les preguntó qué había sido efectivo para su aprendizaje. Un estudiante comentó que las sesiones de grupos pequeños "crean una presión social tangible para participar". Otro indicó que "las sesiones de grupos pequeños son muy agradables para llegar a tener conversaciones más íntimas con los compañeros, de manera similar a como lo haríamos en persona". Y en nuestros programas de educación ejecutiva en línea en la Escuela Kennedy de Harvard, muchos participantes mencionan las sesiones de grupos pequeños como un componente importante del programa, tanto para aprender como para conocer a otros participantes.

Al igual que con otras herramientas tecnológicas en el aprendizaje en línea, la pauta más importante en el uso de las sesiones de grupos pequeños es tener un propósito claro de lo que se quiere lograr. Tener una tarea clara que los grupos deban completar, un material específico a entregar claramente definido, y un marco de tiempo claramente anunciado ayuda enormemente. Varios estudiantes reportaron que a menudo se encontraban en sesiones de grupos pequeños sin una idea clara de lo que debían hacer, y que perdían mucho tiempo tratando de averiguarlo. Otros informaron que era mucho más probable que utilizaran el tiempo de la sesión de grupos pequeños para ponerse al día socialmente cuando la tarea no estaba clara, o si no se sentían responsables de completarla. Ve a continuación un ejemplo de diapositiva con instrucciones.

Figura 6.2 – Ejemplo de diapositiva con instrucciones para mostrarles a los estudiantes antes de que se dirijan a las sesiones de grupos pequeños

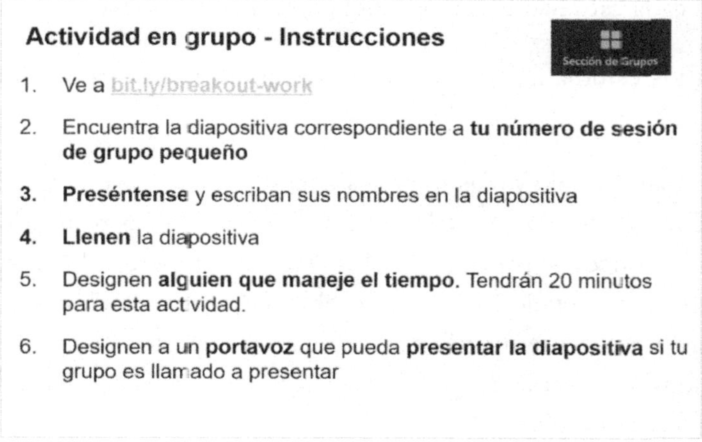

6.1 Principales usos de las sesiones de grupos pequeños

Las sesiones de grupos pequeños pueden ser utilizadas para muchos propósitos. Esta sección se centra en tres usos clave: (1) para responder a una **pregunta**, (2) para producir un material **específico**, y (3) para construir un sentido de **comunidad**.

Usar las sesiones de grupos pequeños para responder a una pregunta

Si planeas hacer una pregunta que sea central para la clase que estás enseñando, y de la que crees que los estudiantes se beneficiarían de discutir y reflexionar, las sesiones de grupos pequeños pueden ser una gran herramienta para ti. Una estructura pedagógica típica que puedes usar para hacer esto es "Pensar-Emparejar-Compartir" (del inglés "Think-Pair-Share"), una estrategia de aprendizaje colaborativo ampliamente utilizada en educación primaria y secundaria.[16] El nombre proviene de la secuencia de las siguientes actividades:

- Pensar: pides a los estudiantes que piensen por sí mismos sobre una pregunta o tema en particular.
- Emparejar: pides a cada estudiante que se junte con un compañero para discutir la pregunta.
- Compartir: pides a los estudiantes que compartan una idea clave de su discusión en pareja con el resto de la clase.

Esta técnica puede ser modificada de varias maneras cuando se enseña en línea. Una de las formas más poderosas es realizar una votación después de la parte de "Pensar". Si los resultados de la votación indican que la clase está dividida, entonces se procede con la parte de "Emparejar" (consulta la fila A de la Tabla 4.4, en el capítulo 4, para más detalles). A esta combinación de votaciones con "Pensar-Emparejar-Compartir" se le denomina frecuentemente en la enseñanza superior "instrucción entre compañeros" (*peer instruction*), un enfoque popularizado por Eric Mazur para enseñar física, y que ahora se utiliza ampliamente en muchas otras disciplinas.

En una clase virtual en vivo, las sesiones de grupos pequeños se utilizan para la parte de "Emparejar" de la secuencia. No tienes que tomar la palabra "Emparejar" literalmente, ya que los grupos pueden ser más grandes que de sólo dos estudiantes. Los grupos ligeramente más grandes pueden ser útiles para minimizar las posibilidades de formar grupos en los que todos los estudiantes del grupo hayan respondido a la encuesta de la misma manera. Revisa más adelante la sección "¿Cuántos estudiantes debo asignar por grupo?".

En la práctica 6.1 – Usar las sesiones de grupos pequeños para responder a una pregunta

Rebecca Nesson, decana asociada del Plan de Estudios de la Universidad de Harvard, enseña cursos de informática y matemáticas en Harvard y utiliza sesiones de grupos pequeños para pedir a sus estudiantes que respondan a una serie de preguntas difíciles. En una clase reciente, dedicó unos minutos al principio de la sesión para explicar el material del día, y luego asignó a los estudiantes a trabajar en tres preguntas. Los estudiantes tuvieron acceso a un documento PDF con las preguntas y las discutieron en sus grupos. Como la asignatura era matemáticas, y responder a las preguntas implicaba escribir fórmulas y ecuaciones, los estudiantes utilizaron una variedad de herramientas, incluyendo la pizarra de Zoom y un complemento (*add-on*) de ecuaciones de LaTeX de Google Docs. Mientras los estudiantes trabajaban en grupos, Rebecca y sus asistentes de enseñanza visitaron brevemente las sesiones de grupos pequeños para monitorear la discusión y ayudar a facilitar la conversación haciendo preguntas. Después de que las sesiones de grupos pequeños terminaron y los estudiantes regresaron a la sesión principal, la clase repasó las respuestas a las tres preguntas y surgieron nuevas preguntas. Fue una discusión muy productiva porque los estudiantes ya habían pasado tiempo en las sesiones de grupos pequeños pensando en las preguntas y tratando de responderlas.

Usar las sesiones de grupos pequeños para producir un material específico

Un uso potencial de las sesiones de grupos pequeños es pedir a los estudiantes que produzcan un material específico, por ejemplo, un documento, una diapositiva, un gráfico o un boceto. Pedir a cada grupo de discusión que produzca algo concreto centra su atención en la tarea que se está realizando, especialmente si los estudiantes saben que pueden ser llamados a presentar su trabajo. También hace que su aprendizaje sea visible (para ti, para ellos mismos y para otros estudiantes), lo que tiene muchos beneficios pedagógicos.[17]

En la práctica 6.2 – Usar las sesiones de grupos pequeños para producir un material específico

Karen Brennan, quien enseña varios cursos sobre educación y tecnología en la Escuela de Educación de Harvard, utiliza las sesiones de grupos pequeños de forma muy interesante. Pero antes de decirte lo que hace, déjame darte un poco de contexto. Observar a Karen enseñar es como observar un concierto en el que escuchas música hermosa, pero rara vez ves al director. Los estudiantes parecen estar haciendo todo el trabajo en clase. Alguien que observa casualmente su clase podría preguntarse cómo la clase está yendo tan bien, dado que Karen parece estar haciendo tan poco. Pero de lo que no te das cuenta hasta que hablas con ella y sus estudiantes es de cuánto trabajo ella y su equipo de asistentes han hecho *antes* de la clase, aconsejando y guiando a los estudiantes, individualmente y en pequeños grupos, para que la clase vaya tan bien. ¡Parece magia!

En una clase reciente, Karen comenzó la sesión pidiendo a un grupo de estudiantes que hiciera una presentación sobre el tema del día y explicó la actividad que se le pediría a toda la clase durante las sesiones de grupos pequeños. Karen y su equipo docente habían asignado e informado a este grupo con antelación. Después de que este grupo terminó su presentación, Karen asignó a todos sus estudiantes a las sesiones de grupos pequeños -basándose en sus respuestas a una encuesta previa a la clase-, agrupando así a los estudiantes con intereses similares relacionados con el tema de ese día. En las sesiones de grupos pequeños, los grupos se centraron en una tarea clara y documentaron su trabajo en Presentaciones de Google (consulta más adelante si estás interesado en aprender cómo hacerlo). Los estudiantes del grupo que habían presentado al principio de la clase se distribuyeron en las sesiones de grupos pequeños y actuaron como facilitadores de estos debates. Después de que terminaron las sesiones de grupos pequeños, se pidió a cada grupo que presentara a toda la clase, en 2 minutos o menos, las diapositivas que habían producido en su sesión de grupo pequeño.

Usar las sesiones de grupos para construir comunidad

Otro uso potencial de las sesiones de grupos pequeños es, simplemente, para construir un sentido de comunidad. Esto tiende a suceder de todos modos cuando se usan las sesiones de grupos pequeños para otros propósitos, pero a veces se puede querer usarlas principalmente para construir comunidad. Ve un ejemplo en el capítulo 11.

6.2 Implementación de las sesiones de grupos pequeños

Hay una serie de preguntas que surgen al contemplar el uso de sesiones de grupos pequeños durante una clase virtual en vivo. A continuación, se presentan algunas de las preguntas clave con respuestas sugeridas. Si quieres una visión general compacta de muchos de los temas que se tratan más adelante, hay un breve vídeo aquí y en el sitio web complementario del libro.

¿Cómo asigno a los estudiantes a los grupos?

Hay dos maneras de asignar a los estudiantes a los grupos: aleatoriamente o deliberadamente. Si los asignas deliberadamente, puedes hacerlo antes o durante la clase.

Figura 6.3 – Formas de asignar a los estudiantes a las sesiones de grupos pequeños

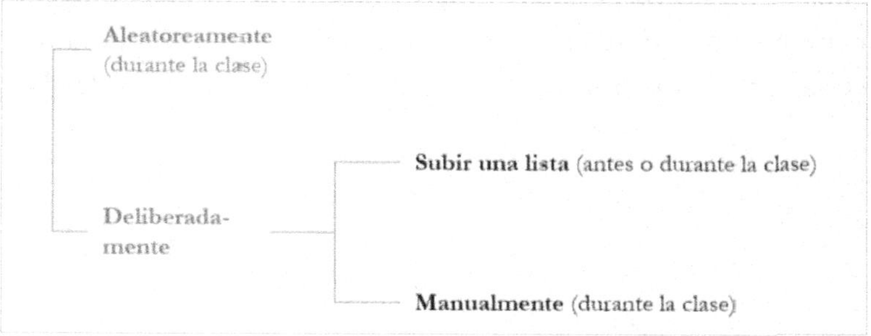

Asignar aleatoriamente (al azar) es lo más simple. No requiere planificación. Cuando estés listo para asignar los grupos en clase, haz clic en "Sección de Grupos" en la barra principal de Zoom y luego selecciona "Automáticamente" cuando se te pida, e indica cuántos grupos quieres tener. Y eso es todo. Otra ventaja de la asignación aleatoria es que puedes hacer que estudiantes que normalmente no interactuarían entre sí trabajen juntos. Y si utilizas frecuentemente las sesiones de grupos pequeños durante el curso, la asignación aleatoria puede ayudar a los estudiantes a conocer a muchos otros estudiantes de la clase (en contraste con la experiencia típica de un aula física, donde los estudiantes tienden a socializar con otros estudiantes que conocen o con estudiantes que están sentados a su lado).

Figura 6.4 – Asignación aleatoria de los estudiantes a las sesiones de grupos pequeños durante la clase

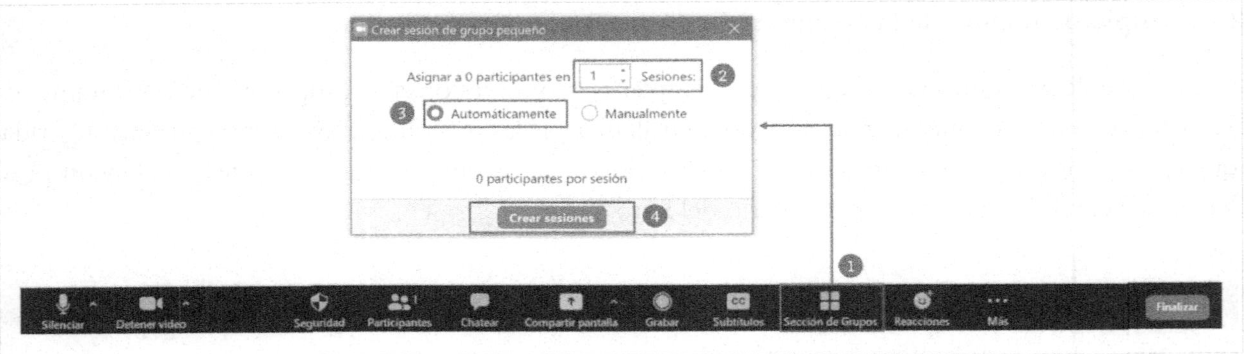

Asignar deliberadamente requiere un poco más de trabajo. Si quieres asignar deliberadamente a los estudiantes a las sesiones de grupos pequeños, hay dos maneras de hacerlo: subir (*upload*) a Zoom una lista de estudiantes con sus respectivos grupos (antes o durante la clase) o asignar a los estudiantes manualmente (durante la clase). Como se explica más adelante en la sección "Consejos técnicos", recomiendo no subir la lista y, en su lugar, usar la asignación manual. Para saber cómo asignar manualmente a los estudiantes a las sesiones de grupos pequeños durante la clase, ve la figura que está a continuación. Asignar manualmente puede llevar mucho tiempo, especialmente si tienes muchos estudiantes. Consulta en la sección "Consejos técnicos" las posibles formas de abordar este problema.

Figura 6.5 – Asignación manual de los estudiantes a las sesiones de grupos pequeños durante la clase

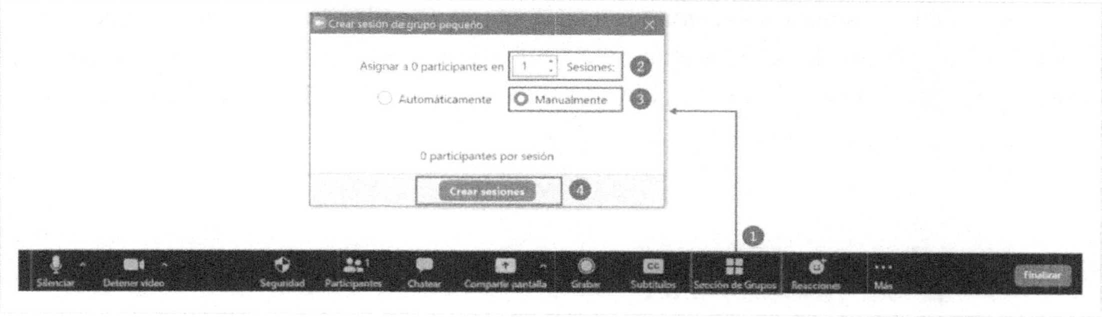

Hay varias razones por las que podrías querer asignar deliberadamente a los estudiantes a sesiones de grupos pequeños. Por ejemplo, puedes querer que los grupos que están trabajando en un proyecto para el curso se reúnan en clase durante una de las sesiones de grupos pequeños. O tal vez quieras asignar a los estudiantes a grupos en función de sus intereses o de las actividades que quieran realizar. Para ello, puedes hacer una encuesta no anónima (antes o durante la clase) y luego asignar a los estudiantes según sus respuestas a la encuesta (ve la siguiente diapositiva de ejemplo para saber cómo puedes hacer esto durante la clase).

Figura 6.6 – Asignación de los estudiantes a grupos pequeños según sus respuestas a una encuesta

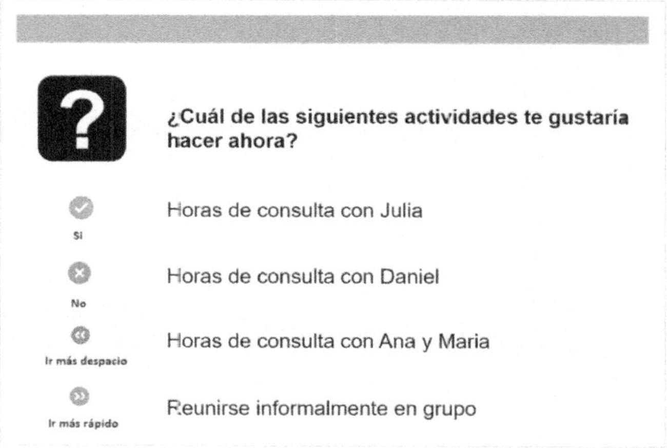

Independientemente de si asignas a los estudiantes al azar o deliberadamente, una vez completada la tarea obtendrás una lista de los estudiantes asignados a cada grupo, y podrás cambiar el nombre de los grupos, reasignar estudiantes individuales a otros grupos y modificar algunos ajustes (ve la figura a continuación). Una vez que estés listo, haz clic en "Iniciar todas las sesiones" y los estudiantes serán enviados, inmediatamente, a sus respectivas sesiones de grupos pequeños.

Figura 6.7 – Pantalla que aparece después de asignar a los estudiantes a los grupos pequeños

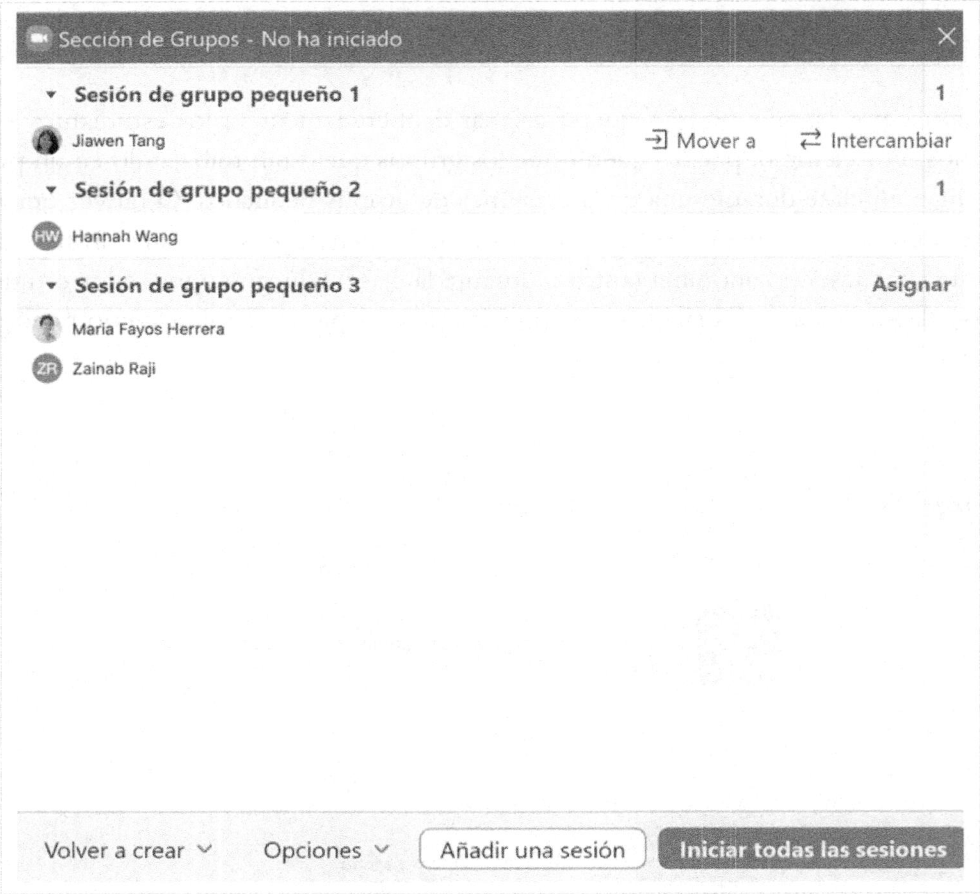

¿Cuántos estudiantes debo asignar por grupo?

Para la mayoría de las actividades, lo ideal es de cuatro a seis estudiantes por grupo. Si utilizas las sesiones de grupos pequeños para responder a una pregunta (en lugar de para producir un material específico), grupos de dos o tres estudiantes suelen estar bien, especialmente si el objetivo es discutir rápidamente la pregunta. En general, los grupos de más de seis estudiantes no son ideales si parte de tu objetivo es que cada estudiante del grupo contribuya activamente. También hay que considerar que cuanto más grande sea el grupo, es probable que quieras asignar más tiempo para las sesiones de grupos pequeños, pues a menudo es más difícil coordinar grupos más grandes. Por último, ten en cuenta que Zoom tiene un límite en cuanto al número máximo de sesiones de grupos pequeños permitidas a la vez (entre veinte y cincuenta, dependiendo del número de participantes), así que, si tienes una clase muy grande, considéralo a la hora de decidir el tamaño del grupo para las sesiones de grupos pequeños.

¿Cuánto tiempo deben durar las actividades de la sesión de grupos?

Una de las principales preocupaciones que los estudiantes reportan sobre el uso de las sesiones de grupos pequeños es que no se les da suficiente tiempo para completar la tarea asignada. Así que mi consejo es errar en la dirección de darles demasiado tiempo en lugar de muy poco (aunque reconozco que, como docentes, rara vez tenemos tiempo de sobra). Los principales factores que determinan la duración de las sesiones de grupos pequeños son la naturaleza de la tarea que les pides a los estudiantes y el número de estudiantes en el grupo. Si los grupos son pequeños y su propósito es responder a una pregunta, la sesión puede ser tan corta como 5 minutos. Si se trata de producir un material específico, el rango de 10 a 20 minutos es más apropiado. He visto a algunos docentes dedicar hasta 30 minutos a las sesiones de grupos pequeños, lo que puede funcionar bien si los estudiantes del grupo trabajan para avanzar en una tarea importante para la clase o el curso.

Otro factor que hay que tener en cuenta al decidir el tiempo de las sesiones de grupos pequeños es si es probable que los estudiantes en los grupos se conozcan entre sí. De ser así, probablemente puedan empezar a trabajar rápidamente. Pero si nunca se han conocido, considera la posibilidad de dejar un poco de tiempo para que se presenten y, tal vez, para discutir alguna pregunta "rompehielos", como se describe en el capítulo 11 sobre cómo construir un sentido de comunidad en clases virtuales.

Por último, independientemente del tiempo que le dediques a la actividad de la sesión de grupos pequeños, hay tres cosas que tener en cuenta. En primer lugar, puedes establecer el tiempo que desees que duren las sesiones de grupos pequeños antes de enviar a los estudiantes a sus sesiones, ajustando la configuración (consulta más adelante la sección "Consejos técnicos"). En segundo lugar, puedes ajustar el tiempo designado para las sesiones de grupos pequeños durante la clase, si consideras que los estudiantes terminarán antes de que se termine el tiempo asignado o si crees que van a necesitar más tiempo. En tercer lugar, probablemente sea una buena idea dar a los estudiantes una advertencia de 3 o 5 minutos antes de la hora de finalización (mediante el uso de la función de "transmisión de mensajes a todos"; ve más adelante la sección "Consejos técnicos"), para que sepan que tienen que terminar pronto la discusión.

¿Qué debo hacer *mientras* los estudiantes están en las sesiones de grupos pequeños?

Existen varias posibilidades, entre ellas, visitar uno o más grupos para ver cómo van las cosas (haciendo clic en "unirse" junto al nombre del grupo); comprobar el trabajo que están produciendo, si les pediste que lo documentaran en un lugar que pudieras revisar (por ejemplo, una diapositiva de Google; ve más adelante los ejemplos de "En la práctica"); planificar lo que harás en clase después de que termine la sesión de grupos pequeños; ¡o, simplemente, tomarte un descanso!

¿Qué debo hacer *después* de que terminen las sesiones de grupos pequeños?

En general, es una buena idea dedicar algún tiempo después de las sesiones de grupos pequeños para analizar o profundizar lo que los estudiantes hicieron durante ellas. Una actividad típica es invitar a algunos grupos (o a estudiantes individuales) a responder a la pregunta que se planteó en la sesión o presentar el material que produjeron. Cuando realices estas actividades, asegúrate de que están añadiendo valor más allá de lo que los estudiantes hicieron en las sesiones de grupos pequeños. Pedirles a todos los grupos que simplemente presenten su respuesta a la misma pregunta, probablemente no representa un buen uso del tiempo. Un posible enfoque es profundizar sobre lo realizado en el trabajo de grupo para abordar una pregunta más grande -o tal vez la siguiente pregunta- en tu plan de clase. Por ejemplo, si hicieron algún cálculo durante la sesión de grupos pequeños, puedes hacer que un estudiante repase rápidamente el cálculo y luego preguntarle qué implicaciones tiene ese número para una decisión, o cuáles fueron los supuestos que usó para realizar sus cálculos.

¿Qué herramientas deben utilizar los estudiantes para producir un material *durante* las sesiones de grupos pequeños?

La respuesta a esta pregunta depende de una serie de factores, especialmente de qué tarea(s) quieres que realicen los estudiantes. Hay una serie de herramientas de colaboración en la web para hacer diferentes tipos de tareas, pero una alternativa atractiva es la Google Suite (en particular, Presentaciones de Google y Documentos de Google). Una forma de usar Presentaciones de Google durante las sesiones de grupos pequeños es tener un documento de Presentaciones de Google para todos los estudiantes de la clase, y asignar a cada grupo una diapositiva (o un conjunto de diapositivas) en el documento. Para ello, puedes crear una o varias diapositivas de plantilla (*template*) para un grupo y reproducirlas para cada grupo de la clase.

El uso de Presentaciones de Google de esta manera tiene las siguientes ventajas clave: (1) La mayoría de los estudiantes están familiarizados con la herramienta, por lo que no tienen que pasar parte de su tiempo en la sesión de grupos pequeños aprendiendo cómo utilizarla; y (2) Puedes observar lo que los estudiantes están escribiendo en tiempo real. El hecho de poder ver el progreso de los grupos en tiempo real te permite visitar a los grupos que parecen estar "trancados", o enviar a un asistente para que lo haga, y comenzar a planificar a quién llamar una vez que los estudiantes regresen de las sesiones de grupos pequeños a la sesión principal. Cuando llamas a un grupo, puedes mostrar su diapositiva (compartiendo la pantalla con los estudiantes; consulta el capítulo 8) para proporcionar este apoyo visual cuando presenten a toda la clase. Luego, puedes llamar a otro grupo con una visión diferente, contrastante o complementaria, y generar un debate o discusión interesante. Si te interesa el uso de Presentaciones de Google para las sesiones de grupos pequeños, consulta a continuación la sección "En la práctica" para ver algunos ejemplos, y más adelante la sección "Consejos técnicos" para obtener una guía -paso a paso- sobre cómo aplicar este enfoque.

En la práctica 6.3 – Uso de Presentaciones de Google en sesiones de grupos pequeños

Julie Wilson, una socióloga que enseña en la Escuela Kennedy de Harvard, utiliza las sesiones de grupos pequeños para ayudar a preparar a los grupos a contribuir en las discusiones de los casos de estudio que utiliza en sus clases. En una clase reciente en la que enseñaba sobre un programa social en Jamaica, quería que los estudiantes entendieran los posibles puntos de fracaso en la implementación del programa. Asignó diferentes sesiones de grupos pequeños para representar a cada uno de los actores clave que participaban en la ejecución del programa (gobierno central, oficina local, escuelas, etc.) y pidió a cada grupo que rellenara un cuadro en el que se identificaban los flujos de información, las personas y el dinero asociados con el actor específico al que estaban asignados. Mira las diapositivas ilustrativas que aparecen a continuación y visita el sitio web complementario para acceder a la presentación completa.

Lo que más impresiona del uso que hace Julie de las diapositivas de Google es lo que puede hacer con lo que escriben los estudiantes durante las sesiones de grupo. Ella monitorea las diapositivas a medida que los estudiantes escriben sobre ellas e identifica qué grupo(s) desea que participen en la discusión posterior a la sesión de grupo, basándose en lo que están escribiendo en la diapositiva y en si el grupo tiene algún estudiante que no haya participado mucho en el curso. Cuando los estudiantes regresan de las sesiones de grupos pequeños a la sesión principal, ella procede meticulosamente a llamar a los grupos que seleccionó durante su examinación de las diapositivas de Google, y estimula a los estudiantes de baja participación para que contribuyan a la conversación. De esta manera, puede llevar a cabo una discusión que es, a la vez, efectiva e inclusiva.

Figura 6.8 – Ejemplos de diapositivas utilizadas por Julie Wilson para las sesiones de grupos pequeños

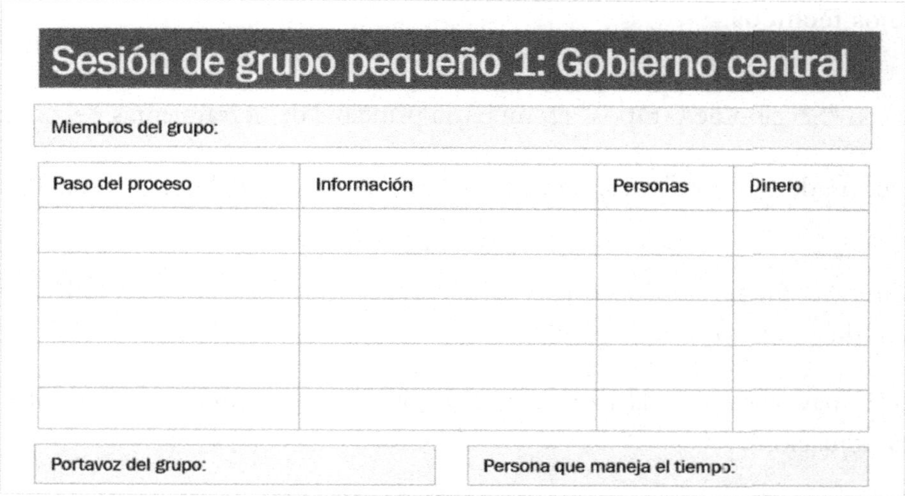

Sesión de grupo pequeño 1: Gobierno central

Miembros del grupo:

Paso del proceso	Información	Personas	Dinero

Portavoz del grupo:

Persona que maneja el tiempo:

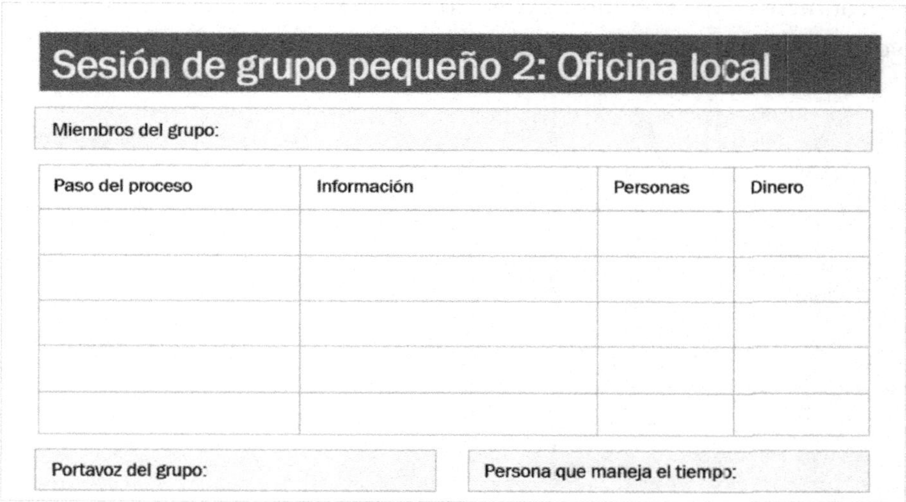

Sesión de grupo pequeño 2: Oficina local

Miembros del grupo:

Paso del proceso	Información	Personas	Dinero

Portavoz del grupo:

Persona que maneja el tiempo:

Nota: Cada grupo pequeño tiene su propia diapositiva (en la misma presentación de Google); aquí sólo se muestran dos. Visita el sitio web complementario para más detalles.

Consejos técnicos

¿Qué hago si no veo "Sección de Grupos" en mi barra principal de herramientas de Zoom?

Si la función " Sección de Grupos " no aparece en tu barra de Zoom, debes agregarla. Para hacerlo, sigue estos pasos:

- Inicia sesión en tu cuenta de Zoom con tu navegador. La dirección web (URL) dependerá de la configuración de tu institución.
- En la barra de navegación de la izquierda, haz clic en "Configuración" (consulta la imagen que aparece a continuación).
- Haz clic en el submenú "En la reunión (Avanzada)" y desplázate hacia abajo hasta encontrar el ítem relacionado con la sala para grupos. Asegúrate de que esté activado.

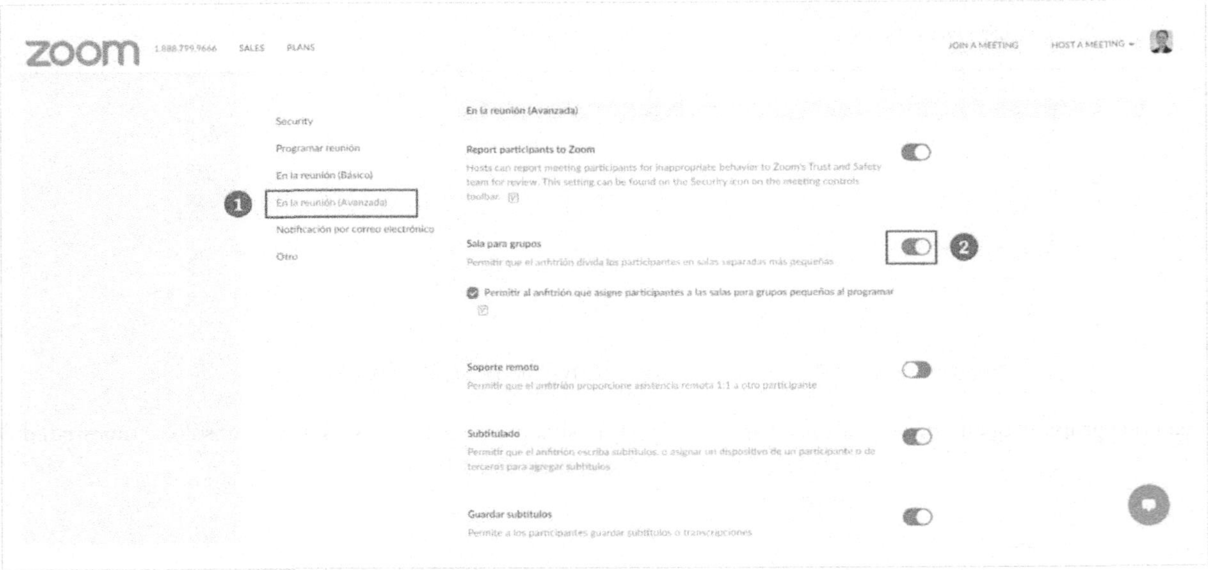

¿Cómo asignar deliberadamente a los estudiantes a las sesiones de grupos pequeños?

Como se ha indicado anteriormente, hay dos maneras de asignar deliberadamente a los estudiantes a las sesiones de grupos pequeños. Primero, puedes subir (*upload*) a Zoom una lista de estudiantes con sus respectivos grupos, antes o durante la clase. En la práctica, este método no funciona tan bien por varias razones técnicas. Si los estudiantes se registran con una dirección de correo electrónico diferente a la que tienen en la lista que subiste, no serán enviados a la sesión de grupos pequeños y se quedarán en la sesión principal. Además, a veces los estudiantes se registran con más de un dispositivo para la misma sesión (por ejemplo, si la cámara de su computadora portátil no funciona, pueden conectarse con su computadora portátil para participar en la sesión y ver el material, y con su teléfono inteligente para transmitir su vídeo); y esto causa problemas al preasignarlos a las sesiones de grupos pequeños.

La segunda forma de asignar a los estudiantes deliberadamente a grupos es hacerlo manualmente durante la clase. Si tienes una clase pequeña, esto es fácil de hacer. Pero si tienes una clase grande, puede llevar mucho tiempo. Dos posibles soluciones que podrías considerar:

- Podría ser útil designar a alguien (por ejemplo, un colega o un asistente de enseñanza) para que lo haga por ti. Esto funcionaría de la siguiente forma: cuando comienza la clase, esa persona puede crear las sesiones de grupos pequeños con los estudiantes que están en clase y de acuerdo con la lista que tú le diste, y una vez que tú estés listo para iniciar las sesiones de grupos pequeños, le pides a esa persona que envíe a los estudiantes a sus sesiones de grupos pequeños. Esto es más efectivo porque tu colega puede crear las sesiones de grupos pequeños mientras tú estás dando la clase, y así las asignaciones de estudiantes para las sesiones de grupos pequeños están listas para cuando tú decidas que es el momento de esta actividad.

- Pide a tus estudiantes que se renombren de acuerdo con su número de grupo (por ejemplo, "1-María Klinger", "2 -Ian Sullivan", etc.). Como Zoom ordena la lista de participantes por orden alfabético, los estudiantes del grupo 1 aparecerán en la parte superior, seguidos por los del grupo 2, y así sucesivamente, lo que hace que la asignación a las sesiones de grupos pequeños sea mucho más rápida, ya que los estudiantes ya están en el orden correcto. Este consejo es cortesía de Horace Ling. Para instrucciones sobre cómo cambiar el nombre en Zoom, consulta la sección "Consejos Técnicos" en el capítulo 10.

Espero que algún día Zoom haga posible que los estudiantes se "autoasignen" a los grupos que quieran y/o permita al docente enviar a los estudiantes a diferentes sesiones de grupos pequeños en función de cómo hayan respondido a una pregunta de una votación.

¿Quién debería asignar a los estudiantes a las sesiones de grupos pequeños?

En Zoom, sólo el anfitrión puede asignar a los participantes a las sesiones de grupos pequeños. Esto significa que si tú quieres que otra persona (por ejemplo, un asistente de enseñanza, un colega, etc.) asigne y envíe a estudiantes a las sesiones de grupos pequeños, esta persona debe ser el anfitrión de la reunión y asignarte a ti como coanfitrión. Si esta no es tu configuración predeterminada, estos roles pueden ser reasignados al comienzo de la clase. El anfitrión también es la persona que puede transmitir mensajes a todas las sesiones y que puede enviar a personas (por ejemplo, a ti, a un asistente de enseñanza, etc.) a alguna sesión específica de grupo pequeño. Recuerda que puedes visitar varias sesiones de grupos, pero sólo una a la vez.

¿Cómo puedo modificar la configuración de las sesiones de grupos pequeños?

Una vez que asignes a los estudiantes a las sesiones de grupos pequeños, Zoom te mostrará una pantalla que indica cómo se distribuyeron los estudiantes en las sesiones de grupos pequeños. Si haces clic en "Opciones", puedes hacer varios ajustes. Uno que te recomiendo es que indiques "Mover todos los participantes a las sesiones de grupo reducido automáticamente", ya que esto significa que cuando envíes a los estudiantes a las sesiones de grupos pequeños, ellos no necesitarán hacer nada para llegar allí. De lo contrario, los estudiantes necesitarán aprobar la asignación a su grupo pequeño, lo que a menudo retrasa el proceso. Los demás ajustes son, en su mayoría, una cuestión de preferencia personal, pero creo que dejar el cronómetro en 60 segundos es probablemente una buena idea, ya que implica que los estudiantes recibirán una advertencia de que 60 segundos más tarde serán devueltos automáticamente a la sesión principal.

Figura 6.9 – Ajustar la configuración en las sesiones de grupos pequeños

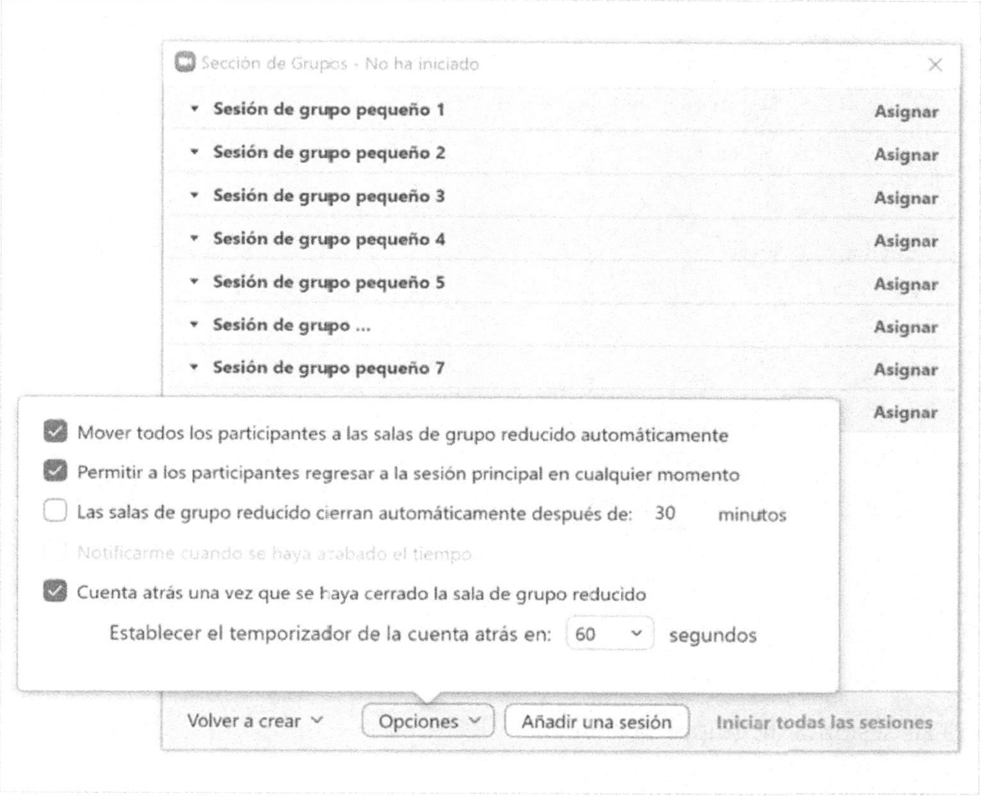

¿Cómo transmito un mensaje a los estudiantes mientras están en las sesiones de grupos pequeños?

Cuando los estudiantes están en las sesiones de grupos pequeños, el cuadro de diálogo de la sesión de grupos te dará la opción de emitir un mensaje (si no ves este cuadro de diálogo, haz clic en "Sección de Grupos" en la barra principal de Zoom). Consulta la figura a continuación.

Figura 6.10 – Emisión de un mensaje a las sesiones de grupos pequeños

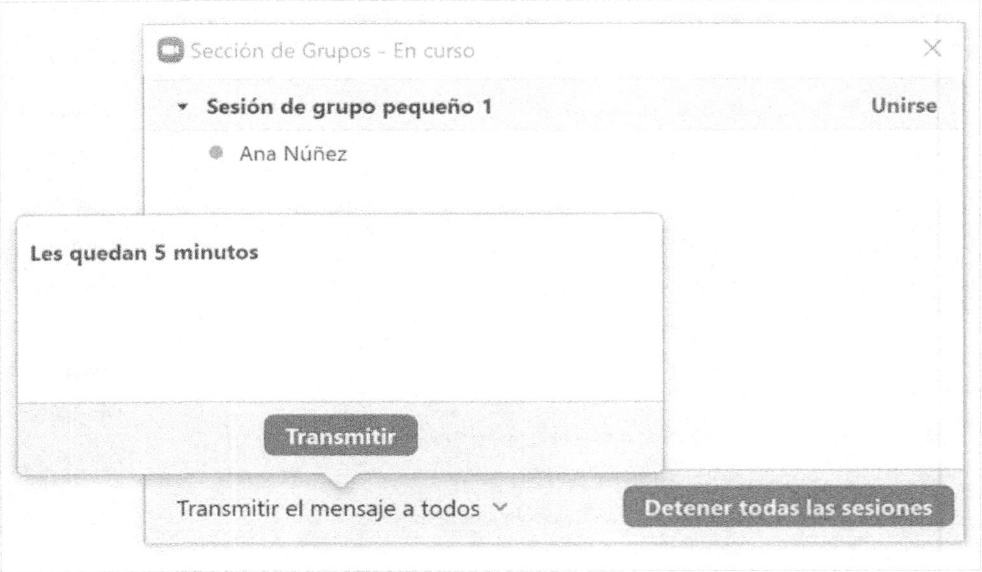

¿Cómo termino las sesiones de grupos pequeños?

Cuando los estudiantes están en las sesiones de grupos pequeños, el cuadro de diálogo de la sesión de grupos pequeños te dará la opción de "Detener todas las sesiones" (si no ves este cuadro de diálogo, haz clic en "Sección de Grupos" en la barra principal de Zoom). Ve la foto de arriba. Una vez que hagas clic en esta opción, todos los estudiantes volverán a la sesión principal después de 60 segundos o de otro tiempo especificado, si has cambiado ese tiempo en los ajustes (consulta la sección anterior "¿Cómo puedo modificar la configuración de las sesiones de grupos pequeños?").

¿Cómo produzco y utilizo Presentaciones de Google para las sesiones de grupos pequeños?

Consulta la lista de control que aparece a continuación.

Lista de control ilustrativa para la producción y el uso de Presentaciones de Google para sesiones de grupos pequeños

Antes de la clase:

- ❑ Crea un documento de Presentaciones de Google.
- ❑ Utiliza las diapositivas iniciales para mostrar las instrucciones y/o el material de referencia (revisa más arriba la diapositiva ilustrativa con las instrucciones).
- ❑ Crea una plantilla (*template*) de diapositivas.
  - ❑ Las tablas suelen funcionar bien para guiar a los estudiantes acerca de cuánto esperas que escriban.
  - ❑ Ten el número -o el nombre- del grupo pequeño muy visible (por ejemplo, en la parte superior de la diapositiva).
  - ❑ Intenta rellenar la diapositiva como si fueras un estudiante (para asegurarte de que funciona bien).
  - ❑ Una vez que estés satisfecho con la plantilla, reprodúcela muchas veces para tener una diapositiva para cada grupo, y cambia el número -o el nombre- del grupo en cada diapositiva.
- ❑ Autoriza a Google (cambiando los ajustes del documento) para que tus estudiantes puedan editar las diapositivas. Si te olvidas de hacer esto, tus estudiantes podrán ver las diapositivas cuando hagan clic en el enlace, pero no podrán editar las diapositivas de su grupo.
- ❑ [Opcional] Obtén un enlace corto (a través de bit.ly, tinyurl o un servicio similar) para que puedas compartir más fácilmente el enlace con los estudiantes.

- ❑ Consejo técnico: Al momento de escribir este libro, los documentos y presentaciones de Google no funcionan muy bien cuando más de un cierto número de personas están editando el archivo al mismo tiempo. En mis clases, por ejemplo, pude hacerlo bien con once grupos de cinco estudiantes, pero dejó de funcionar bien con veinte grupos de cinco. En este último caso, usar dos archivos separados -en vez de uno- de Presentaciones de Google (uno para los grupos 1-10 y otro para los grupos 11-20) resolvió el problema (consejo cortesía de Teddy Svoronos).

Durante la clase (antes de enviar a los estudiantes a las sesiones de grupos pequeños):

- ❑ Presenta la diapositiva de instrucciones a la clase.
- ❑ Dales a los estudiantes el enlace al documento de la diapositiva de Google.
- ❑ Muéstrales la(s) diapositiva(s) que quieres que rellenen y explica la tarea lo más claramente posible.
- ❑ Pregúntales si tienen alguna pregunta.
- ❑ Envía (o pide al anfitrión que envíe) a los estudiantes a las sesiones de grupos pequeños.

Resumen del capítulo

- Hay muchos beneficios de tener a los estudiantes trabajando en grupos pequeños durante parte de tus clases virtuales en vivo.
- Para que esto funcione bien, es crucial ser explícito sobre la tarea que quieres que los estudiantes realicen (por ejemplo, responder a una pregunta, producir un material específico, etc.) y el tiempo que tienen disponible.
- Considera la posibilidad de que los estudiantes documenten el trabajo que hacen en las sesiones de grupos pequeños (a través de Presentaciones de Google, Documentos de Google u otros documentos de colaboración) para que el aprendizaje sea visible para ti, para ellos mismos y para sus compañeros de clase.
- Recomiendo altamente que después de cada sesión de grupos pequeños hagas una actividad que permita analizar o profundizar lo que los estudiantes hicieron en sus sesiones de grupos pequeños.

Capítulo 7 – Compartir el trabajo

Además de hablar, votar, escribir y trabajar en grupos, otra forma en la que los estudiantes pueden participar en una clase virtual en vivo es compartiendo su trabajo contigo y con sus compañeros. Compartir su trabajo con la clase puede tener muchos beneficios para tus estudiantes; entre ellos, aumentar su nivel de interés, fomentar un mayor sentido de responsabilidad, hacer su trabajo más visible, desarrollar un mayor sentido de control sobre lo que sucede en la clase y construir un mayor sentido de comunidad en el aprendizaje virtual.

Sin embargo, el hecho de que los estudiantes compartan su trabajo también puede generar algunos inconvenientes: te quita tiempo para otras actividades de la clase en vivo, puede hacerte sentir que estás perdiendo cierto control sobre lo que sucede en la clase, y la experiencia puede terminar no siendo tan buena como deseas para el estudiante o los estudiantes que presentan su material (especialmente si no se han preparado adecuadamente).

Pero como todo en la enseñanza -y en la vida-, mi consejo es que sopeses las posibles ventajas frente a las posibles desventajas a la hora de decidir si ofreces a los estudiantes oportunidades para compartir su trabajo con el resto de la clase. Mi impresión, sin embargo, es que la mayoría de nosotros empleamos este enfoque de enseñanza muy raramente, así que me inclino a recomendarte que consideres hacerlo más a menudo.

Este capítulo describe cómo los estudiantes pueden compartir su trabajo y algunas situaciones en las que podrías considerar que lo hagan.

7.1 Cómo los estudiantes pueden compartir su trabajo

Los estudiantes pueden compartir su trabajo en Zoom de varias maneras, incluyendo:

- Haciendo clic en "Compartir pantalla" en la barra principal de herramientas de Zoom y compartiendo la aplicación o el contenido que quieren mostrar. Si no estás familiarizado con el uso de "Compartir pantalla" para compartir contenido, consulta el capítulo 8.

- Haciendo que tú hagas clic en "Compartir pantalla" en la barra principal de herramientas de Zoom y compartiendo el contenido que tu estudiante quiere mostrar. En este escenario, los estudiantes te mandarían el contenido por adelantado (por ejemplo, enviándote por correo electrónico su presentación de PowerPoint) o lo guardarían en un espacio compartido (por ejemplo, Documentos de Google, Presentaciones de Google, archivo Dropbox, etc.).

- Mostrando algo (hoja de papel, objeto, obra de arte) a la clase a través de su vídeo de Zoom. En este escenario, sería mejor para ti y tus estudiantes usar la "Vista del Orador" (en lugar de la "Vista de Galería") en Zoom.

- Expresándose "delante de la clase" (por ejemplo, cantando, actuando, tocando un instrumento, etc.) a través de su vídeo de Zoom. En este escenario, la "Vista del Orador" también sería recomendada.

- Permitiéndote a ti o a otros estudiantes acceder a su computadora a través de la función de "control remoto" de Zoom.

Cuál de las formas anteriores es la más favorable para que tus estudiantes compartan su trabajo dependerá de lo que quieran compartir y del contexto específico.

7.2 Situaciones para que los estudiantes compartan su trabajo

Hay muchas situaciones en las que los estudiantes pueden compartir su trabajo en una sesión virtual en vivo. Este capítulo se centra en las siguientes:

- Compartir un trabajo que hicieron **antes de la clase**

- Compartir un trabajo que hicieron **individualmente durante la clase**

- Compartir un trabajo que hicieron en grupos **durante la clase** (en sesiones de grupos pequeños)

- Compartir un trabajo en **eventos especiales**

- Compartir un trabajo que requiere de un examen minucioso por parte tuya o de los demás estudiantes

Compartir un trabajo que hicieron antes de la clase

Cuando asignes a los estudiantes a trabajar fuera de la clase con un material que creas que podría ser útil examinar en tu clase en vivo, considera la posibilidad de pedirles que presenten este trabajo en clase. Por ejemplo, si has pedido a los estudiantes que resuman las principales lecciones de la clase anterior o cómo aplicarían o ampliarían las lecciones de esa clase, podrías comenzar la próxima clase pidiendo a uno o dos estudiantes (o grupos) que presenten su trabajo en los primeros 3-5 minutos de clase. Otra posibilidad es pedir a un estudiante que explique con más detalle un comentario particularmente interesante que haya hecho antes de la clase (por ejemplo, en el foro de discusión de un sistema de gestión del aprendizaje como Canvas o Moodle), que podrías reproducir en una de tus diapositivas. El trabajo que tus estudiantes comparten no tiene que venir necesariamente en forma de diapositivas de presentación. Por ejemplo, tus estudiantes podrían mostrar un objeto físico (como un cohete, una maqueta, etc.) que hayan construido, presentar una hoja de cálculo en la que hayan registrado los datos de un experimento que hayan realizado, o reproducir alguna música que hayan creado. Sea lo que sea que les hayas pedido que hagan fuera de la clase, piensa si hay formas de compartir su trabajo (o un elemento de su trabajo) durante la clase en vivo.

Una ventaja de pedir a tus estudiantes que compartan el trabajo que hicieron antes de la clase es que, al ellos saber que les puedes pedir que presenten públicamente delante de sus compañeros, puedes estimularlos a desarrollar una mayor creatividad y hacer un mayor esfuerzo que el que harían para la tradicional entrega de tareas en la que tú eres el único que ve su trabajo.

Una pregunta que surge si decides que algunos de tus estudiantes presenten el trabajo que hicieron antes de la clase es si se debe avisar con antelación a los estudiantes específicos que seleccionaste para presentar. Por un lado, si no anuncias qué estudiantes se encargarán de presentar, puedes estimular a todos tus estudiantes a prepararse y a esforzarse más en el trabajo que hacen fuera de clase. Por otro lado, si avisas con antelación a los estudiantes que se encargarán de la presentación, es probable que esto conduzca a una mejor preparación y a una mayor posibilidad de que la presentación tenga éxito.

Compartir un trabajo que hicieron individualmente durante la clase

En varios puntos de tu clase en vivo podrías detener la clase, pedir a los estudiantes que hagan algún trabajo individualmente, y luego, cuando todos vuelvan juntos como clase, podrías pedir a un estudiante que presente su trabajo. Por ejemplo, en una clase de matemáticas, los estudiantes podrían presentar cómo resolvieron un problema. En una clase de idiomas, los estudiantes podrían leer en voz alta un párrafo que escribieron en respuesta a tu solicitud. En general, ante cualquier material que le pidas a los estudiantes que produzcan durante el tiempo de trabajo individual, piensa en las formas en que podrían compartirlo con el resto de la clase, aparte de describirlo verbalmente. Ve un ejemplo en la sección "En la práctica" a continuación.

En la práctica 7.1 – Pasar lista para crear un sentido de comunidad

Kathy Pham es una científica en computación cuyo trabajo ha abarcado Google, IBM y el Servicio Digital de Estados Unidos, en la Casa Blanca. Imparte un curso sobre Gestión de Productos y Sociedad en la Escuela Kennedy de Harvard. En una reciente clase virtual en vivo, hizo una pausa en la clase y pidió a sus estudiantes que pasaran unos minutos desarrollando individualmente un prototipo de una aplicación de despacho de alimentos. Les dio a los estudiantes unos minutos para hacer esto con lápiz y papel, y luego llamó a algunos estudiantes para que presentaran lo que se les había ocurrido. Los estudiantes presentaron su trabajo mostrando su hoja de papel, y señalando las diversas "pantallas" de la aplicación que habían desarrollado. Fue una forma muy simple de compartir, y condujo a una discusión muy interesante sobre los principios del diseño de productos. Ve la imagen de más adelante.

Figura 7.1 – Una estudiante muestra al resto de la clase un prototipo de la aplicación que diseñó

Nota: La estudiante de la foto dio permiso para publicar esta imagen.

Compartir un trabajo que hicieron en las sesiones de grupos pequeños

Como se indicó en el capítulo anterior, las sesiones de grupos pequeños funcionan mejor cuando los estudiantes tienen a mano una tarea clara, y sienten que hacer bien esa tarea hace una diferencia. Una forma de lograrlo es que algunos estudiantes presenten el trabajo que hicieron durante las sesiones de grupos pequeños. Si produjeron un material específico (por ejemplo, una diapositiva de Google), podrían presentarlo durante la clase, y tú podrías indagar sobre algunos de los aspectos del trabajo que consideres útiles para avanzar en sus objetivos de aprendizaje para esa sesión de clase en vivo. Consulta el capítulo 6 para obtener más detalles sobre el uso de las sesiones de grupos pequeños.

Compartir un trabajo en un evento especial

Algunos eventos especiales, que tradicionalmente se hacían en persona, ahora se hacen en sesiones virtuales en vivo. Por ejemplo, en el contexto de una clase o un programa académico, se puede tener un evento de celebración (como una graduación) en línea. Una forma en que el evento podría ser más significativo y emotivo para los participantes es compartiendo algo sobre su experiencia en el programa (lo que el curso significó para ellos, las principales lecciones aprendidas, etc.). Ve un ejemplo en "En la práctica" a continuación.

En la práctica 7.2 – Permitir a los estudiantes compartir en un evento especial

Anna Shanley y Maddie Meister trabajan en educación ejecutiva en la Escuela Kennedy de Harvard. En la sesión de clausura de uno de los programas virtuales que dirigieron recientemente, pidieron a los participantes que produjeran una diapositiva por grupo, en la que indicaran una manera en la que su forma de pensar había cambiado como resultado del programa, y algo por la que estuviesen agradecidos. Los participantes ya habían compartido esta diapositiva antes de la sesión de clausura, usando Presentaciones de Google, y esto hizo la logística mucho más fácil. Durante la ceremonia virtual en vivo, cada grupo se tomó un minuto para presentar su diapositiva antes de recibir su certificado (virtual) de finalización del programa. Al participar de esta manera, creo que la ceremonia fue más personal y significativa para los participantes que la típica experiencia en persona. Ve a continuación el ejemplo de una de las diapositivas.

Figura 7.2 – Ejemplo de diapositiva para la ceremonia virtual de un programa de educación ejecutiva en la Escuela Kennedy de Harvard

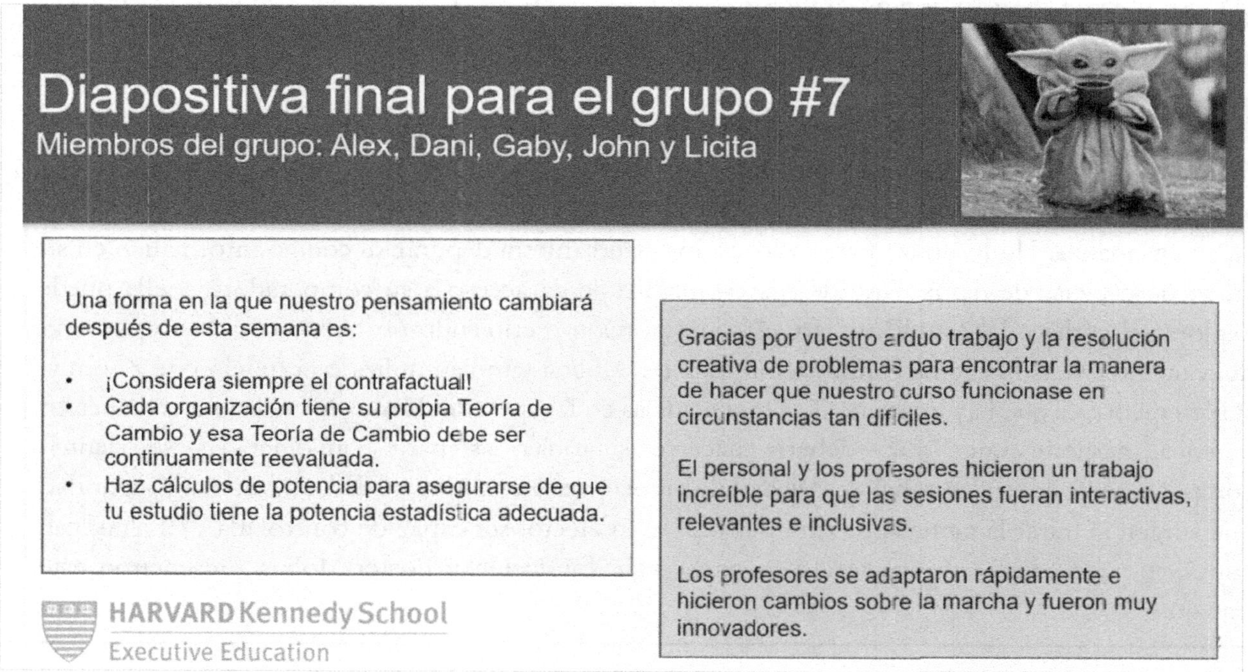

Nota: Los nombres de los miembros del grupo se han cambiado para proteger la confidencialidad de los participantes.

Compartir un trabajo que requiere de un examen minucioso

A veces, los estudiantes producen trabajos que requieren un examen más detallado de lo que es posible hacer simplemente viendo una diapositiva o un objeto que se presenta. En estos casos, podrías beneficiarte de la capacidad de ver y cambiar lo que está en la computadora de uno de tus estudiantes. Por ejemplo, si un estudiante escribió un programa de computación, ese estudiante podría beneficiarse de ver cómo se hacen cambios para mejorar o depurar su código. La función "control remoto" de Zoom permite a un participante tomar el control de la computadora de otro participante. Ambos tienen que dar su consentimiento y pueden dejar de compartir en cualquier momento. Para un ejemplo, ve más adelante la sección "En la práctica". El sitio web complementario tiene instrucciones sobre cómo utilizar la función "control remoto" de Zoom.

En la práctica 7.3 – Usar "control remoto" de Zoom para que los estudiantes compartan su trabajo

En un seminario web sobre enseñanza a distancia para universidades de artes liberales, celebrado en marzo de 2020, Ella Foster-Molina (Universidad de Swarthmore) y Jingchen (Monika) Hu (Universidad de Vassar) describieron cómo han utilizado la función de "control remoto" de Zoom en su enseñanza. Hu lo utiliza para ayudar a los estudiantes a depurar su código informático en su curso de ciencias de datos. Uno de sus estudiantes le da acceso a su computadora, y ella puede explorar el código del estudiante, arreglar una porción escribiendo un nuevo código y ejecutarlo nuevamente (ve la imagen a continuación). Foster-Molina también utiliza esta función de Zoom y, si bien reconoce que hay una serie de circunstancias en las que simula muy bien las interacciones en persona, advierte que "sólo debería hacerse si todas las partes involucradas se sienten completamente cómodas con una variedad de preocupaciones de privacidad, autonomía y seguridad que surgen al mirar la pantalla de otra persona y, en efecto, ser capaz de controlarla". El sitio web complementario tiene un enlace al seminario web donde Hu y Foster-Molina presentaron este trabajo.

Figura 7.3 – Jingchen (Monika) Hu (Universidad de Vassar) utiliza el "control remoto" para ayudar a depurar el código de computadora producido por sus estudiantes

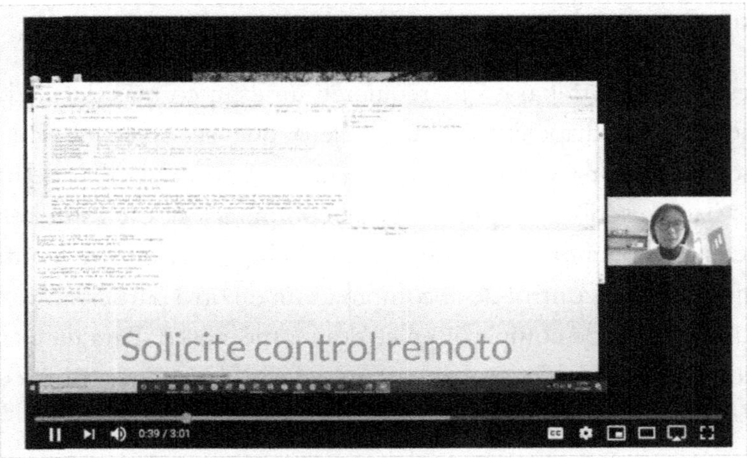

Resumen del capítulo

- Hay muchos beneficios de que tus estudiantes compartan su trabajo frente a ti y sus compañeros.

- Estos beneficios deberán ser sopesados con los beneficios de hacer otras actividades en la clase en vivo.

- Tus estudiantes pueden compartir su trabajo en una variedad de situaciones, incluyendo:
  - Compartir un trabajo que hicieron antes de la clase
  - Compartir un trabajo que hicieron individualmente durante la clase
  - Compartir un trabajo que hicieron en grupos durante la clase (en sesiones de grupos pequeños)
  - Compartir un trabajo en eventos especiales
  - Compartir un trabajo que requiere un examen minucioso

- Cada vez que le pidas a tus estudiantes que produzcan un trabajo, piensa en los potenciales beneficios de que algunos de ellos presenten ese trabajo en una sesión virtual en vivo, y en las formas en que esto puede hacerse más eficazmente.

PARTE III – FORMAS EN LAS QUE TÚ PUEDES PARTICIPAR

Esta parte del libro describe cómo tú, como docente, puedes participar en una sesión en vivo más allá de las formas sugeridas en la parte II, que se centró en cómo los propios estudiantes podrían participar (hablando, votando, escribiendo, trabajando en grupos y compartiendo el trabajo). El capítulo 8 asume que tú tienes un contenido (como diapositivas, material escrito, videos o sitios web) que deseas presentar a tus estudiantes, y explica varias formas en las que puedes presentar este material "preconstruido". En el capítulo 9 se asume que te gustaría "construir" durante la sesión de clase en vivo parte (o todo) el material que presentas, bien sea anotando en materiales preexistentes (por ejemplo, escribiendo o tipeando en una diapositiva) o escribiendo o dibujando desde cero (por ejemplo, escribiendo en una pizarra física o electrónica). Dado que el capítulo 9 se basa en el capítulo 8, sugiero que leas primero el capítulo 8.

Capítulo	Puedes...	Herramienta(s) de Zoom
8	Presentar	**Hardware**: computadora **Software**: software de presentación (por ejemplo, PowerPoint, Keynote, Presentación de Google); navegador web (por ejemplo, Chrome); reproductor de vídeo **Herramientas de Zoom**: compartir pantalla, fondos de Zoom

9	Anotar	**Hardware**: computadora, tableta, cámara de documentos *(document camera)*, pizarra física, rotafolio **Software**: software de presentación (por ejemplo, PowerPoint, Keynote, Presentación de Google) **Herramientas de Zoom:** compartir pantalla, pizarra

Capítulo 8 – Presentar

Durante una clase virtual en vivo, tal vez desees presentar a tus estudiantes el material que preparaste antes de la clase, como diapositivas, textos, videos y sitios web. En este capítulo se explica cómo presentar en Zoom este tipo de contenido "preconstruido", con un énfasis particular en las diapositivas.

El material se presenta al compartir la pantalla utilizando la barra de herramientas principal de Zoom. Una vez que lo hagas, podrás compartir el contenido de varias fuentes, entre ellas:

- Una aplicación específica (por ejemplo, PowerPoint, Google Chrome, etc.)
- La función de pizarra de Zoom
- Vídeo de una cámara secundaria (por ejemplo, cámara de documentos, teléfono inteligente, etc.)
- Pantalla del iPhone/iPad
- El audio de tu parlante

Zoom te muestra las fuentes que puedes compartir en un cuadro de diálogo. Recuerda que para que una aplicación se muestre en el cuadro de diálogo de Zoom, tiene que estar abierta en tu computadora. Por lo tanto, si planeas hacer una presentación desde una aplicación (por ejemplo, PowerPoint), asegúrate de que la aplicación esté abierta antes de hacer clic en "Compartir pantalla" en la barra de herramientas principal de Zoom.

Figura 8.1 – Presentación del material a través de la función "Compartir pantalla" en la barra principal de herramientas de Zoom

Figura 8.2 – Usar el cuadro de diálogo "Compartir pantalla" de Zoom para compartir una aplicación en la computadora

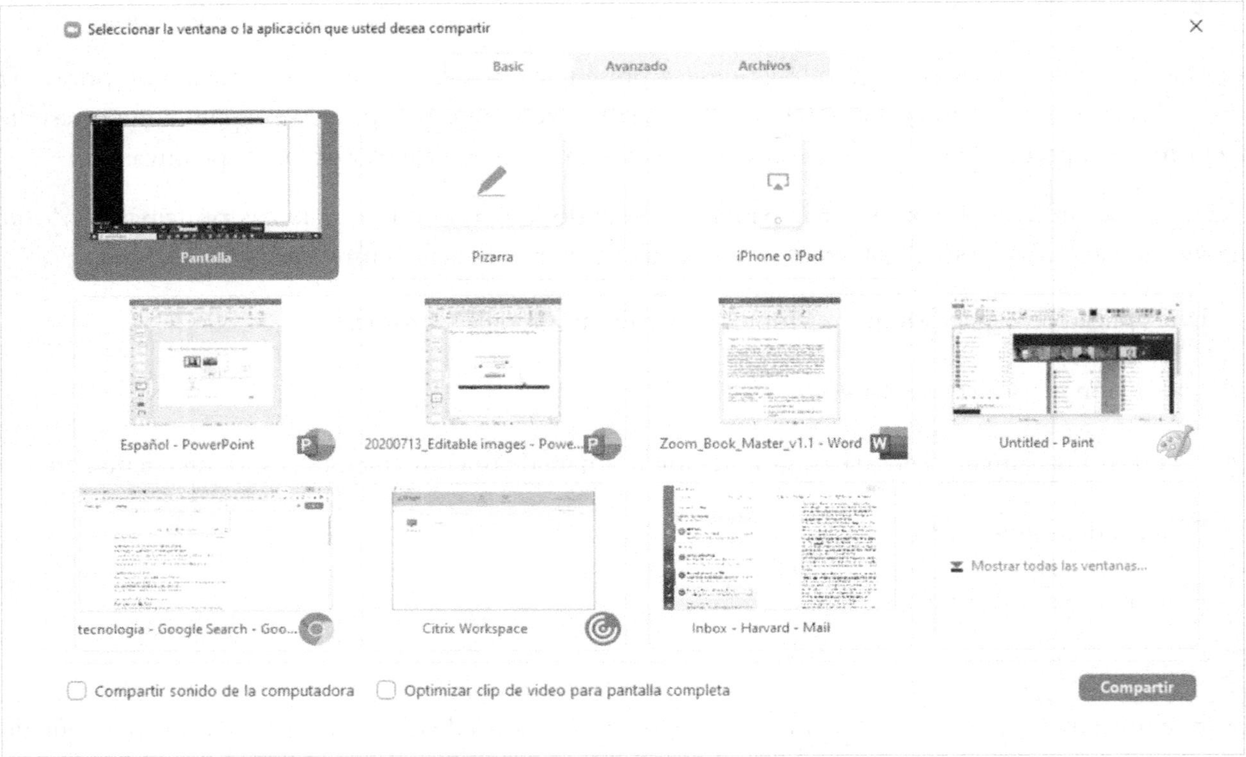

Este capítulo se centra en cómo compartir las diapositivas de tu presentación, porque son el principal tipo de material "preconstruido" utilizado por la mayoría de los docentes. El capítulo termina con instrucciones sobre cómo presentar otros dos tipos de materiales: los vídeos y las páginas del navegador de Internet.

Antes de ahondar en la forma de presentar las diapositivas (o material similar), una advertencia que refuerza algunos de los principios pedagógicos que sirven de base para este libro: es poco probable que presentar diapositivas durante mucho tiempo, sin interactuar directamente con los estudiantes, estimule eficazmente el aprendizaje. Esto es cierto en un aula física y aún más en un aula virtual, donde se tiene poco control sobre lo que hacen los estudiantes mientras se realiza la presentación. Recuerda el mantra de Doyle[18]: "El que hace el trabajo, hace el aprendizaje". Cuando presentes tus diapositivas, tú eres el/la que hace el trabajo, así que piensa en tu presentación como una forma de estimular otras actividades en clase que ayuden a tus estudiantes a aprender y a participar. Y piensa en involucrar constantemente a tus estudiantes en parte del trabajo. Si esto no ha sucedido en tu clase por más de 5-10 minutos, es momento de hacer una pausa y hacer que participen.

Por último, al presentar las diapositivas, recuerda seguir los principios fundamentales para preparar, diseñar y hacer buenas presentaciones. Estos principios están más allá del alcance de este libro, pero el sitio web complementario tiene algunas referencias útiles.

8.1 Presentar las diapositivas

¿Cómo presento mis diapositivas?

Si simplemente deseas mostrar una presentación a tus estudiantes, la forma más fácil de hacerlo es "Compartir pantalla" en la barra de herramientas principal de Zoom, y luego hacer doble clic en el ícono correspondiente a tu software de presentación (por ejemplo, PowerPoint, Keynote). Una vez que lo hagas, Zoom te indicará que estás compartiendo esta aplicación colocando un borde en tu software de presentación. Para que todo esto funcione, asegúrate de que tu software de presentación esté abierto antes de hacer clic en "Compartir pantalla" (para que aparezca como una de tus opciones en el cuadro de diálogo "Compartir pantalla" de Zoom). Por las razones explicadas en la sección "Consejos técnicos" que verás más adelante, te sugiero que compartas tus diapositivas utilizando el ícono correspondiente a tu software de presentación (por ejemplo, PowerPoint) y no el ícono correspondiente a tu escritorio (este elemento podría llamarse "Escritorio" o "Pantalla", dependiendo de la versión de Zoom que tengas).

Figura 8.3 – Compartir una presentación de PowerPoint con tus estudiantes

Selecciona el ícono de PowerPoint en la pantalla Compartir

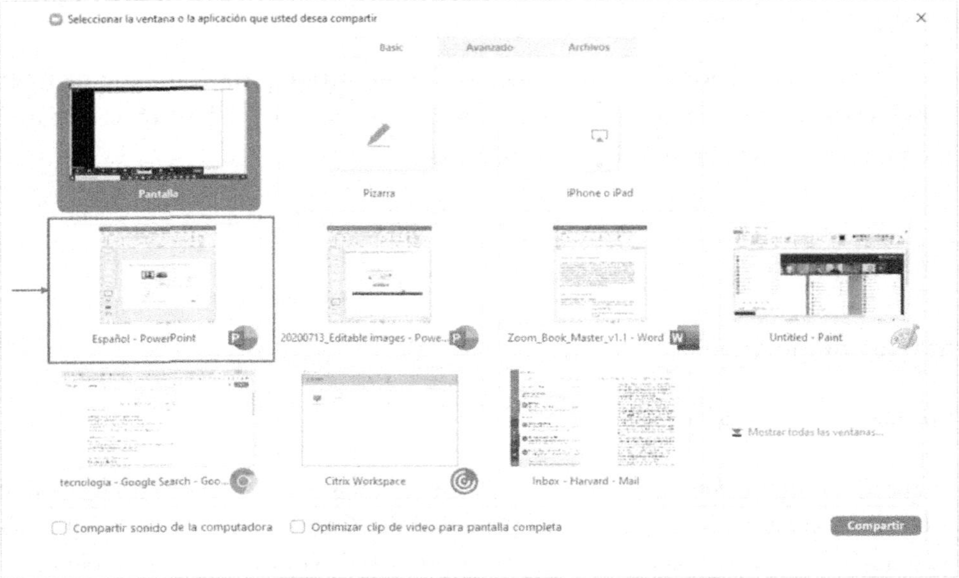

Tu "Ventana" de PowerPoint se compartirá entonces con tus estudiantes

Después de compartir tu pantalla, quienes están en tu sesión de Zoom verán lo que está sucediendo en esa pantalla (por ejemplo, la presentación pasa al "modo de presentación de diapositivas", se avanza una diapositiva, se escribe en una diapositiva) hasta que tú hagas clic en "Detener Compartir".

¿Debo compartir mis diapositivas todo el tiempo?

Cuando compartes tus diapositivas, las pantallas de tus estudiantes cambian considerablemente para darles espacio. La siguiente tabla muestra cómo normalmente cambia la pantalla. Aunque las particularidades dependerán de las preferencias de tus estudiantes y de la configuración del dispositivo, suceden dos cosas: (1) tus diapositivas ocupan gran parte de la pantalla de los estudiantes y (2) es probable que su atención se desvíe de ti hacia las diapositivas. Si bien esto también ocurre cuando se enseña en un aula física, el cambio es más dramático en un aula virtual, donde tu imagen es relegada a un pequeño cuadrado en una pantalla dominada por tus diapositivas.

Figura 8.4 – Cómo cambian las pantallas de tus estudiantes cuando compartes una diapositiva

La pantalla de tus estudiantes antes de que compartas una diapositiva

La pantalla de tus estudiantes después de que compartes una diapositiva

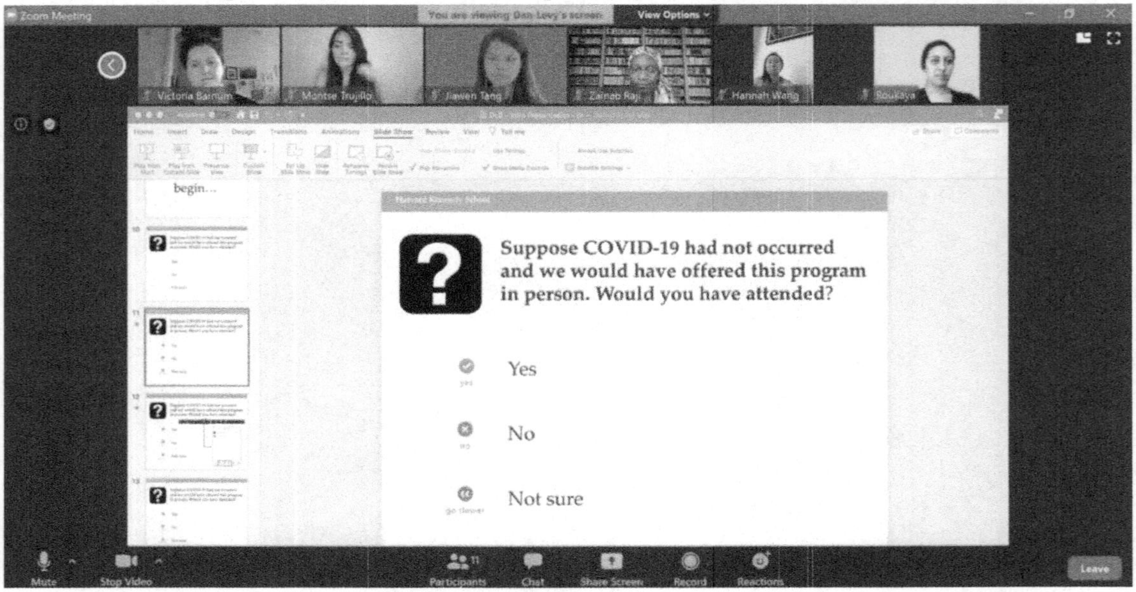

Considerando esos cambios de pantalla y de atención, algunos colegas docentes con los que he conversado sobre el tema recomiendan un uso juicioso de las diapositivas. Uno de ellos aconsejó usarlas "sólo cuando sea absolutamente necesario". Otros han desarrollado formas interesantes de presentar material, sin que las diapositivas se apoderen de la pantalla de sus estudiantes. Consulta "En la práctica" (más adelante) para algunas soluciones innovadoras.

Por último, debes tener en cuenta que cuando compartes tu presentación, las diapositivas también se apoderan de gran parte de tu propia pantalla. Por esta razón, a algunos docentes les gusta utilizar dos monitores: uno para ver los vídeos de sus estudiantes y otros elementos (por ejemplo, la lista de participantes, la ventana de charla, etc.); y el segundo para ver las diapositivas que se presentan. Un segundo monitor ocupa un espacio adicional en tu escritorio y cuesta dinero, pero si planeas presentar diapositivas u otro material a través de Zoom, te recomiendo ampliamente que busques tener acceso a ese monitor adicional. Preservar la capacidad de mirar a los estudiantes mientras presentas un material, permite ver cómo están respondiendo a tu presentación, incluyendo qué tan atentos están (un segundo monitor te lo hace mucho más fácil). La sección "Consejos técnicos" al final de este capítulo tiene más detalles sobre el uso de dos monitores.

En la práctica 8.1 – Presentar diapositivas sin sacrificar la pantalla: versión de alta tecnología

Mitch Weiss imparte cursos de emprendimiento en la Escuela de Negocios de Harvard y tiene una forma creativa de presentar diapositivas sin abarrotar las pantallas de sus estudiantes. Para sus discusiones de casos, utiliza dos juegos de diapositivas de PowerPoint. El primer juego lo usa en el estilo tradicional, donde las diapositivas ocupan la mitad de las pantallas de los estudiantes. Utiliza la función "Compartir pantalla" de Zoom para mostrar esas diapositivas y escribir en ellas (consulta el siguiente capítulo). En el segundo juego, las diapositivas no tienen tanta información y suelen estar ahí para ayudar a establecer el contexto e iniciar una conversación. Cuando presenta estas últimas diapositivas, Mitch busca que los estudiantes se centren más en él y en los demás (no tanto en las diapositivas). Así que, en lugar de compartir la pantalla, establece la diapositiva como un fondo de pantalla virtual de Zoom (ver la sección "Consejos técnicos", más adelante, para saber cómo hacerlo). El efecto resultante es similar al que se produce cuando un presentador de noticias de televisión está transmitiendo desde un estudio. También utiliza esta técnica cuando pide a los estudiantes que respondan a votaciones no anónimas. Ve las imágenes a continuación.

Figura 8.5 – Presentación de diapositivas como fondo de Zoom

Mitch Weiss presenta diapositivas contextuales como fondo de Zoom

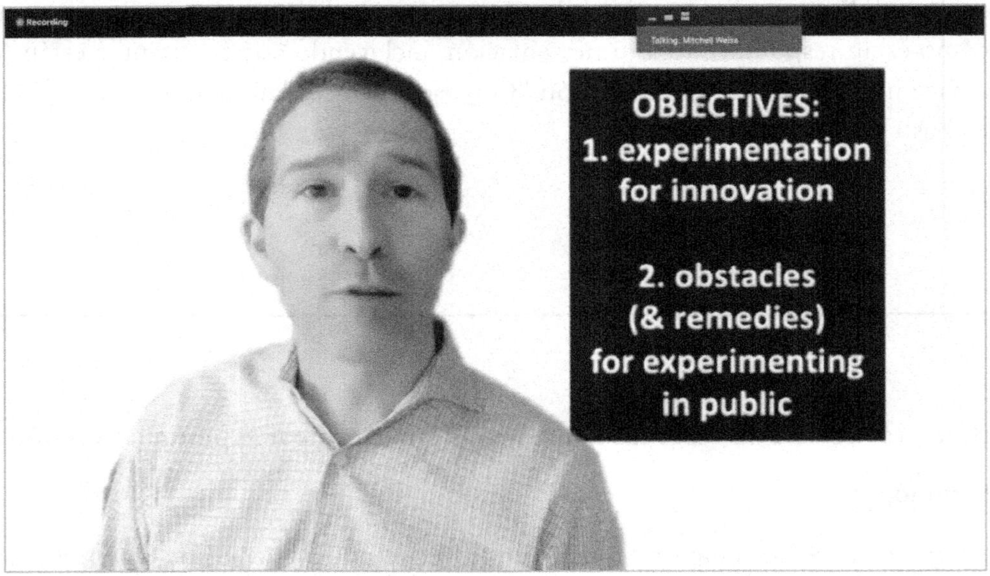

Mitch Weiss presenta la diapositiva con las instrucciones de la votación como fondo de Zoom

En la práctica 8.2 – Presentar diapositivas sin sacrificar el espacio de la pantalla: versión de baja tecnología

Renee Loth, distinguida periodista y columnista de opinión del Boston Globe, enseña cursos de comunicación en la Escuela Kennedy de Harvard. En un reciente taller, dictó a un grupo de estudiantes una sesión titulada "El ABC de la redacción de artículos de opinión". Al iniciar su sesión, mostró en su video una página impresa que precisaba el ABC de la redacción de artículos de opinión. Luego, comenzó a explicar cada uno de los tres ingredientes clave. Como era la única "diapositiva" que presentó en el taller, los estudiantes tuvieron una forma fácil de recordar el ABC, y ella pudo mantener la atención del aula durante todo el segmento en el que analizó cada uno de los ingredientes clave, creando una experiencia de aprendizaje memorable. Ve la imagen que figura a continuación.

Figura 8.6 – Renee Loth utiliza una página impresa para presentar el material a sus estudiantes

¿Debo enviar mis diapositivas a los estudiantes antes de la clase?

Puedes considerar enviar las diapositivas (o hacerlas disponibles) a tus estudiantes antes de la clase, para que puedan tener acceso a ellas durante la sesión. De esta manera, tus estudiantes pueden imprimir las diapositivas o ponerlas en una tableta para tomar notas durante la clase; o simplemente desplegarlas en un segundo monitor (si tienen uno disponible). Dar a los estudiantes acceso a las diapositivas antes de la clase permite que puedan regresar a una diapositiva que hayas mostrado previamente (si quieren alguna aclaración o necesitan recordar algo) o revisar una diapositiva que tú no hayas presentado todavía (si quieren ver lo que viene). Por eso, si decides enviar las diapositivas a tus estudiantes antes de la clase, probablemente querrás eliminar de la versión que les mandes cualquier diapositiva que tenga como objetivo proporcionar un elemento de sorpresa o una respuesta a una pregunta con la que quieras despertar el interés de tus estudiantes.

Una de las preocupaciones de que los estudiantes tengan las diapositivas durante la sesión es la posibilidad de que se distraigan. Entiendo la inquietud, pero hay muchas otras cosas con las que pueden distraerse en un entorno de aprendizaje en línea. Creo que un conjunto de diapositivas bien diseñadas (con espacio para tomar notas), tiene un mayor potencial para ayudar a los estudiantes a concentrarse, que para distraerlos. Por esta razón, estoy a favor de poner las diapositivas a disposición de los estudiantes antes de la clase, aunque reconozco que es una preferencia personal.

8.2 Compartir el vídeo

A veces puedes querer que los estudiantes vean un vídeo para ampliar una lección de clase. Al igual que en un aula física, considera tus objetivos pedagógicos a la hora de decidir si mostrarlo o no. ¿Es un vídeo que los estudiantes podrían ver antes o después de la clase, en lugar de durante la sesión? Si estás considerando mostrarlo durante la clase, ¿qué hace que ver este vídeo sea una actividad que se beneficie de que todos la hagan al mismo tiempo? Por ejemplo, tal vez quieras que los estudiantes compartan su reacción inmediata, o puede que el vídeo se entienda mejor sólo después de que hayas enseñado algunas lecciones en clase, y que verlo prepare a la clase para aprender una lección diferente. Si no se te ocurre una razón clave para mostrar el vídeo en clase, puedes ahorrar un tiempo valioso de la clase en vivo si haces que los estudiantes lo vean antes o después de la sesión. Consulta el capítulo 10 para obtener más detalles sobre cómo decidir qué partes de tu contenido se pueden reservar para fuera de la clase.

Para compartir un vídeo en Zoom debes seguir un proceso similar al de compartir una diapositiva. Primero, seleccionas "Compartir pantalla" en la barra de herramientas principal de Zoom. Luego, seleccionas la fuente desde la que quieres compartir. Puede ser, por ejemplo, un reproductor de vídeo (por ejemplo, Quicktime) que reproduce un archivo que tienes en tu ordenador, o un vídeo de Internet (por ejemplo, YouTube) que quieres reproducir desde tu navegador de Internet. Una diferencia clave cuando se comparte un vídeo que incluye contenido de audio (en contraposición a compartir diapositivas) es que también es necesario hacer clic en algunos ajustes (*settings*) -para optimizar el uso compartido de vídeo y sonido (ve la imagen siguiente)- y luego hacer clic en compartir. Te recomiendo que antes de la clase abras la aplicación desde la que piensas reproducir el vídeo y que la tengas lista para usar (es decir, en el punto exacto en el que quieres que empiece a reproducirse el vídeo). Esto te permite comenzar a reproducir el vídeo rápidamente durante la clase. También es una buena idea preguntar a los estudiantes si pueden ver y oír bien.

Figura 8.7 – Compartir un vídeo que se reproducirá desde un navegador de Internet

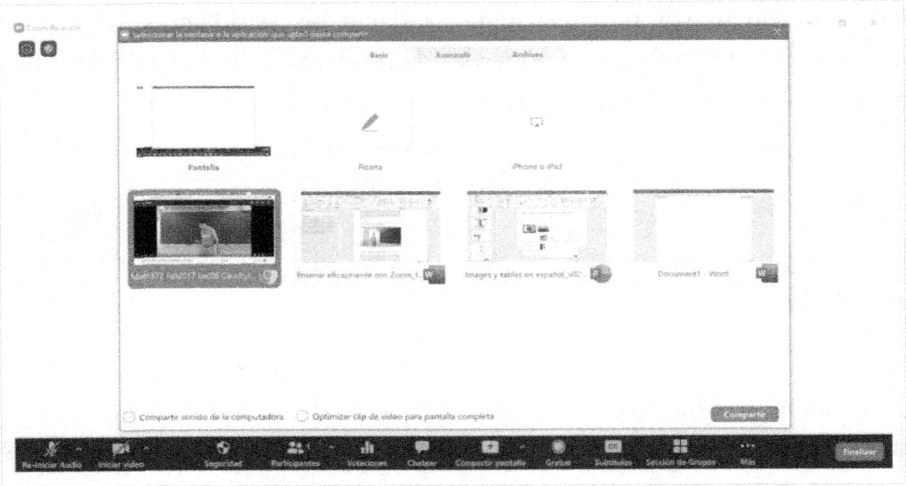

Si te preocupa la calidad del vídeo o la degradación del sonido cuando se transmite a través de Zoom, una alternativa que sugiero es escribir en el chat un enlace a un archivo de vídeo que los estudiantes puedan reproducir en su computadora, y luego reanudar la discusión en clase después de que el tiempo de vídeo haya pasado y los estudiantes lo hayan visto.

8.3 Compartir recursos desde un navegador de Internet

A veces, puede que simplemente quieras compartir recursos disponibles en tu navegador de Internet (un sitio web, un vídeo, un clip de audio, etc.). Esto es especialmente útil si quieres mostrar visualmente cómo hacer algo en la web o si quieres presentar el trabajo que los estudiantes han hecho utilizando un software de colaboración (por ejemplo, Presentaciones de Google, Documentos de Google, etc.), tal como se describe en el capítulo 6 ("Trabajo en grupos"). Una ventaja de presentar desde un navegador es que puedes cambiar fácilmente lo que se está presentando, simplemente navegando de una pestaña del navegador a otra. Para compartir desde un navegador de Internet utilizando Zoom puedes utilizar el mismo proceso que para compartir un vídeo (descrito en la sección anterior).

Consejos técnicos

Compartir el escritorio

- Al pulsar "Compartir pantalla" tendrás la opción de compartir el escritorio de tu computadora. Es el primer elemento que verás en el cuadro de diálogo "Compartir pantalla de Zoom" (puede llamarse "Escritorio" o "Pantalla", dependiendo de la versión de Zoom que tengas). Eso significa que Zoom compartirá todo lo que haya en el escritorio de tu computadora mientras lo estés compartiendo. Esto tiene la ventaja de que si estás planeando presentar desde dos o más aplicaciones (por ejemplo, PowerPoint y tu navegador de Internet), puedes cambiar rápidamente lo que los estudiantes están viendo con sólo cambiar la aplicación que está activa en tu pantalla. De lo contrario, deberás presionar "Compartir pantalla" en Zoom cada vez que quieras cambiar la aplicación que estás compartiendo (por ejemplo, cambiar de PowerPoint a tu navergador de Internet). También puedes mostrar las aplicaciones una al lado de la otra (aunque ten en cuenta que tus estudiantes pueden tener un monitor pequeño, lo que dificultará su lectura).

- La principal desventaja de compartir el escritorio de tu computadora es que puedes olvidarte de que lo estás haciendo y compartir inadvertidamente cosas que no tienes intención de compartir. Por ejemplo, he escuchado a colegas contar historias de haber compartido sin querer un correo electrónico personal que estaban revisando rápidamente o una lista de estudiantes a los que querían llamar. Por esta razón, mi recomendación es no compartir el escritorio de tu computadora a menos que tengas razones muy fuertes para hacerlo, y confíes en que puedes recordarte de no abrir en tu escritorio ningún archivo que no esté destinado a ser visto por los estudiantes. En su lugar, como se ha descrito anteriormente, comparte la aplicación que deseas que los estudiantes vean (por ejemplo, Powerpoint, Keynote, etc.). Mi otra recomendación es que si en algún momento durante la clase no estás seguro de lo que estás compartiendo en Zoom, deja de compartir y vuelve a compartir.

Usando dos monitores

- Para utilizar de forma óptima dos monitores en Zoom es necesario "habilitar monitores duales" en la configuración de Zoom. El sitio web complementario tiene un enlace que explica cómo hacerlo, tanto para computadoras Windows como Mac. Al habilitar los monitores duales se puede ver la galería, la vista del orador, la pantalla compartida, el chat y la lista de participantes en diferentes ventanas. Hacerlo permitirá una mejor experiencia que tener un segundo monitor, para más espacio, sin habilitar los monitores duales.

- Si utilizas dos monitores y compartes PowerPoint desde uno de tus escritorios, la configuración (*setting*) predeterminada es que PowerPoint se haga cargo de los dos monitores (uno en modo presentador, que tiene tus diapositivas y notas; y el otro en modo de presentación de diapositivas, que muestra las diapositivas que ven los estudiantes). Esto hace que no haya espacio para ver a tus estudiantes. Creo que hay dos maneras de tratar este problema:
    - Primero, puedes presentar PowerPoint desde una tableta (por ejemplo, iPad, Microsoft Surface, etc.), conectando la tableta a tu computadora y compartiendo su salida a través de la función "Compartir pantalla" de Zoom.
    - En segundo lugar, puedes ir al menú "Presentación de diapositivas" de PowerPoint, hacer clic en "Configurar presentación", cambiar los ajustes a "Examinar por una persona (ventana)" y avanzar las diapositivas manualmente (ve la imagen que está a continuación y consulta el sitio web complementario para más detalles). Si estás usando Keynote, hay una solución similar. Si usas Presentaciones de Google, no tendrás este problema.

Figura 8.8 – Cambiar la configuración de PowerPoint para que el contenido no ocupe los dos monitores cuando hagas presentaciones

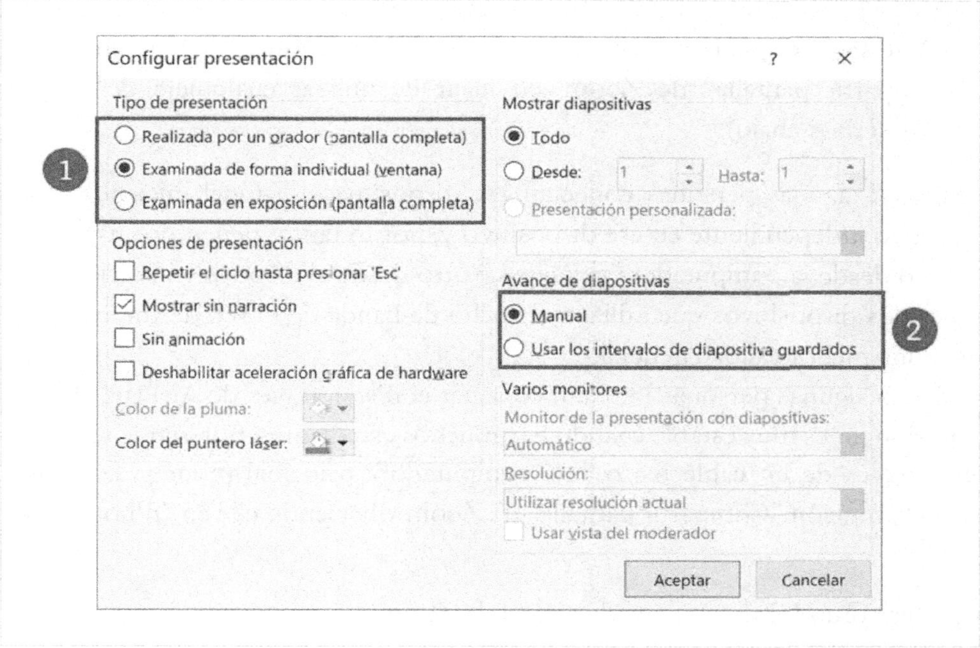

- Ten en cuenta que si tienes dos monitores aparecerán como Escritorio 1 y Escritorio 2 (o Pantalla 1 y Pantalla 2, dependiendo de tu versión de Zoom) en tu cuadro de diálogo para compartir. Podrías compartir cualquiera de ellos (aunque como indiqué anteriormente, no recomiendo compartir los escritorios de las computadoras).

- Cuando se usan dos monitores, puede llevar un poco de tiempo acostumbrarse a cómo se distribuyen las ventanas en los dos monitores cuando se comparte y se deja de compartir la pantalla. Practica e intenta personalizar la configuración para que te sientas cómodo. Hacerlo minimizará la necesidad de mover muchas ventanas mientras estás enseñando.

Presentar usando un dispositivo externo

- Si planeas hacer la presentación utilizando un dispositivo adicional (por ejemplo, iPad, Microsoft Surface, etc.), te sugiero que conectes ese dispositivo a tu computadora por cable y luego utilices la función "Compartir pantalla" de Zoom, en lugar de utilizar cualquiera de los otros métodos alternativos (descritos abajo).
  - Alternativa 1: algunas personas conectan ese dispositivo adicional iniciando sesión en Zoom como usuario independiente en ese dispositivo y, por lo tanto, tienen dos usuarios conectados a Zoom (uno desde la computadora principal y otro desde el dispositivo adicional). Esto significa que tienes dos dispositivos que utilizan el ancho de banda de tu red de Internet, algo que podría provocar una menor calidad general.
  - Alternativa 2: algunas personas intentan conectar el iPad a través de AirPlay. He descubierto que esta conexión no es muy estable cuando hay muchos estudiantes, por lo que recomiendo conectar el iPad a través de un cable físico a tu computadora principal (y luego compartir tu pantalla utilizando la función "Compartir pantalla" de Zoom y haciendo clic en "iPhone/iPad por cable").

Usar las diapositivas como fondo de pantalla virtual de Zoom

- Actualización de este libro en Agosto del 2020: A principios de Agosto del 2020, Zoom introdujo una nueva forma de mostrar diapositivas detrás tuya sin usar la función original de fondo de pantalla virtual de Zoom. La función se llama "Diapositivas como fondo virtual" y se puede acceder después de hacer clic en "Compartir pantalla" y luego en "Avanzado". Está en versión Beta en el momento de la actualización de este libro, por lo que no la describiré en detalle aquí, pero pareciera ser una mejor solución que la que se describe en los puntos a continuación (que usan la función de fondo virtual original de Zoom accesible a través del ícono Iniciar / Detener vídeo en la barra principal de herramientas de Zoom).

- Antes de explicar cómo mostrar una diapositiva detrás de ti en Zoom -como hace Mitch Weiss-, quiero hacer algunas advertencias:
  - Dependiendo de la potencia de procesamiento de tu computadora, el uso de un fondo de pantalla de Zoom puede ralentizarla y, en consecuencia, crearte otros inconvenientes.

- En la mayoría de los casos, tener un fondo virtual crea algunos efectos extraños en la forma en que la imagen de la persona se muestra en vídeo. En particular, tus movimientos a veces no se capturan bien cuando tienes un fondo virtual. Haz la prueba para determinar si eso representa un problema para ti.
- Si bien puedes intentar resolver algunos de estos inconvenientes con iluminación, equipos (por ejemplo, computadora, pantalla verde, etc.) y otros elementos, ten en cuenta que para la mayoría de las personas es probable que algunos de los problemas persistan.
- Las dificultades que describo no son razones para no utilizar los fondos de pantalla virtuales, pero sí una advertencia para que estés consciente de algunas de las limitaciones que supone su uso.

• Teniendo en cuenta lo anterior, mi consejo es que experimentes con una diapositiva antes de invertir demasiado tiempo con este enfoque.

• Para mostrar una diapositiva detrás de ti en Zoom, como lo hace Mitch Weiss, hay que seguir los siguientes pasos (ver el sitio web complementario para más detalles):

- Crear la(s) diapositiva(s) en el software que prefieras (por ejemplo, PowerPoint, Keynote, etc.). Cuando lo hagas, recuerda que la mayor parte de la diapositiva debe dejarse en blanco (tu cara estará frente a la mayor parte de la diapositiva cuando la presentes). Dado que este proceso implica cierto grado de ensayo y error, sigue los dos pasos siguientes para una sola diapositiva. Podrás crear diapositivas adicionales una vez que tengas la plantilla adecuada que funcione en tu entorno.
- Guarda la diapositiva como una imagen (por ejemplo, PNG). La forma de hacerlo depende del software que estés utilizando. Por ejemplo, en PowerPoint para Windows, selecciona Archivo > Guardar como y luego selecciona PNG en el menú desplegable "Guardar como tipo". En PowerPoint para Mac, selecciona Archivo > Exportar.
- Únete a una reunión de Zoom y añade una o más diapositivas a tu lista de fondos virtuales haciendo clic en la flecha que aparece junto a "Detener vídeo" en la barra de Zoom principal, seleccionando "Elegir fondo virtual..." y el signo más (+); y luego busca el archivo PNG en tu computadora (fíjate en la imagen de abajo). Si no ves la opción de "Elegir fondo virtual", puede ser que necesitas habilitarla (consulta el sitio web complementario para obtener instrucciones sobre cómo hacerlo).
- Una vez que estés en clase y quieras seleccionar una diapositiva como fondo virtual, sigue el paso anterior, pero en lugar de pulsar el signo más (+), haz clic en la imagen correspondiente a la diapositiva que quieres mostrar como fondo virtual. Si planeas usar varias diapositivas como fondo virtual, es conveniente que dejes el cuadro de diálogo abierto para no tener que abrirlo cada vez que necesites cambiar de diapositiva de fondo.

Figura 8.9 – Añadir un fondo virtual en Zoom

Resumen del capítulo

- Puedes usar Zoom para presentar diapositivas, vídeos, páginas en tu navegador de Internet y prácticamente cualquier material en tu computadora.
- Recuerda que es poco probable que presentar diapositivas durante mucho tiempo, sin interactuar directamente con los estudiantes, estimule eficazmente el aprendizaje. Planifica una interacción cada ciertos minutos de clase.
- Ten en cuenta que en el momento en que compartas tus diapositivas es probable que pasen a ocupar una gran parte de la pantalla y de la atención de tus estudiantes. Así que hazlo con criterio, y considera no compartir tus diapositivas en segmentos de la clase en los que no las necesites.
- Cuando hagas una presentación, trata de mantener la mirada en tus estudiantes y no en tus diapositivas. Hacerlo es más fácil si tienes acceso a un segundo monitor.

Capítulo 9 – Anotar

Si utilizas una pizarra, una pizarra inteligente, una cámara de documentos o un dispositivo similar cuando enseñas en un aula física, probablemente estás acostumbrado a la idea de anotar. Utilizo el término "anotar" en un sentido amplio para incluir:

- Escribir o dibujar en una página/lienzo/pizarra en blanco
- Escribir notas (a mano o tipeando) en un documento existente (por ejemplo, una diapositiva, un texto, un diagrama, etc.)
- Dibujar un diagrama, gráfico o visual en un documento existente
- Subrayar, resaltar o circular palabras en un documento existente

Anotar para explicar tus ideas o grabar los comentarios de tus estudiantes puede hacer que tus clases virtuales en vivo sean mucho más dinámicas, atractivas y efectivas. En este capítulo, describo diferentes maneras de integrar la práctica de la anotación en la enseñanza, y luego algunas maneras de anotar con Zoom. A medida que las revises, te sugiero que tengas en cuenta las siguientes pautas:

- **Antes de elegir cualquiera de estas herramientas, prueba algunas de ellas.** Cada una tiene sus ventajas y desventajas, y es importante seleccionar una herramienta que funcione para ti. Por ejemplo, si simplemente quieres un "lienzo en blanco" para escribir, usar un rotafolio físico o la herramienta nativa de pizarra blanca de Zoom podría ser suficiente; mientras que, si quieres escribir en tus diapositivas, usar una tableta o cámara de documentos será preferible.

- **Antes de utilizar cualquiera de estas herramientas con tus estudiantes, pruébalas primero con un amigo, colega o familiar.** Haz que uno o varios (sería lo ideal) interpreten el papel del estudiante, usando preferiblemente diferentes tipos de dispositivos. Organiza una reunión de Zoom con ellos, y haz que vean y hagan exactamente lo que tus estudiantes verían y harían. Prueba todas las herramientas que podrías usar en el aula. Por ejemplo, si piensas utilizar un rotafolio, haz que tu amigo en la reunión de Zoom compruebe que puede ver toda la superficie del rotafolio y que puede entender tu letra. Los comentarios que obtendrás serán sumamente valiosos, e incluso pequeños ajustes harán una gran diferencia en tu capacidad para utilizar la herramienta con éxito.

9.1 Diferentes formas de integrar la anotación en tu enseñanza

Puedes usar la anotación para explicar tus ideas y/o capturar las ideas de tus estudiantes.

Anotar para explicar las ideas

Un objetivo común de la anotación es simplemente explicar o resaltar las ideas que le estás presentando a los estudiantes. Si escribes en una pizarra cuando enseñas en un aula física, estás acostumbrado a la idea de escribir como parte del proceso de explicar tus ideas. Del mismo modo, si utilizas una cámara de documentos o una pizarra inteligente, estás acostumbrado a la idea de tener un documento o un material visual en el que puedes escribir, dibujar, subrayar y resaltar.

Anotar para capturar y hacer visible el aprendizaje de los estudiantes

Si observas una discusión típica de un caso de estudio en un aula de la Escuela de Negocios de Harvard (HBS), verás al docente interrogando constantemente a los estudiantes sobre diversos aspectos del caso, y escribiendo las diferentes respuestas de los estudiantes en una de las nueve pizarras disponibles en la mayoría de las aulas de la HBS. El docente divide la discusión en diferentes segmentos (llamados "pastos") y típicamente dedica una pizarra (o dos) a cada pasto. Al prepararse para la clase, los docentes de HBS son conocidos por ser meticulosos a la hora de decidir qué preguntas les harán a los estudiantes, qué escribirán en cada pizarra, cómo pasarán de una pizarra a otra y cómo se verán las pizarras al final de la clase. Esto último se llama "plan de pizarra" y forma parte de sus planes de enseñanza. Es muy impresionante.

Mientras que la mayoría de nosotros no planificamos cómo vamos a anotar los comentarios de los estudiantes en clase con este nivel de detalle, hay algo muy poderoso en ser capaz de escribir la esencia de lo que los estudiantes están diciendo, ya sea en un pizarrón, una diapositiva de Google o una tableta. Hacerlo transmite la noción de que el aprendizaje en tu clase es una tarea colectiva y que se espera que los estudiantes aprendan de ti, pero también de los demás. Así, los estudiantes se sienten escuchados, se les anima a contribuir con la clase y a participar más activamente en su educación. No se ven a sí mismos como receptores pasivos del conocimiento, sino más bien como creadores activos de su propia experiencia de aprendizaje. Por último, cuando escribes la esencia de lo que dicen los estudiantes, haces visible su aprendizaje; y tú puedes referirte -en varios puntos de la clase- a algo de lo que escribiste, si quieres subrayar o resaltar las ideas clave.

Como en todos los demás elementos de la enseñanza, ser deliberado sobre lo que se quiere lograr es clave. Indistintamente del método que utilices para registrar los comentarios de tus estudiantes, puede ser útil preparar plantillas que establezcan la estructura de tu toma de notas. Esto es particularmente importante en el contexto de una clase virtual en vivo, donde tenderás a estar más limitado en términos de espacio físico. Y no tienes que adoptar un estilo de enseñanza completo estilo HBS para beneficiarte de este enfoque. Podrías simplemente decidir que en un determinado segmento de la clase les harás a los estudiantes una pregunta (o un conjunto de preguntas) y escribirás sus respuestas en un lugar que sea visible para toda la clase.

9.2 Pregunta clave: ¿Anotar a mano o con el teclado?

Hay muchas opciones de hardware y software para anotar durante una clase de Zoom. Una consideración clave que determina qué tipo de anotación funciona mejor para ti es si deseas anotar a mano o con el teclado. Aunque es una cuestión de preferencia personal, las siguientes pautas pueden ayudarte a decidir. Anotar a mano te da más flexibilidad en cuanto a la forma en que utilizas el espacio, es más natural para algunos docentes (y para algunos estudiantes) y puede producir más rápidamente una gama más amplia de resultados (palabras, diagramas, subrayado, resaltado, etc.). La anotación con el teclado suele producir un resultado más legible y visualmente más limpio, y no requiere de un dispositivo o equipo adicional. Por último, la anotación a mano no es una buena idea si tu letra es difícil de leer; y la anotación con el teclado probablemente no es una buena idea si escribes lento (¡como yo!). En la siguiente tabla se resumen las opciones que recomiendo que consideres para cada una de las dos formas de anotar.

Tabla 9.1 – Opciones a considerar para anotar a mano o con el teclado

Forma anotar	**Herramientas clave para anotar**	**Cuesta**	**Curva de aprendizaje**
A mano	Pizarrón, pizarra blanca o rotafolio	$	Bajo
	Cámara de documentos (*document camera)* para capturar la escritura en papel	$$	Medio
	Teléfono inteligente usado como una cámara de documentos	-	Medio
	Tableta (por ejemplo, iPad, Microsoft Surface, etc.)	$$$	Alto
Con el teclado	Pizarra blanca nativa de Zoom	-	Medio
	Software de presentación (por ejemplo, PowerPoint, Presentaciones de Google)	-	Bajo

Adaptado con permiso del documento "Options for Virtual Board Work", producido por Ian Tosh y Kristin Sullivan para la Escuela Kennedy de Harvard. La columna de costos asume que no tienes el hardware (o no tienes acceso a él), excepto para la opción del smartphone.

Anotando a mano

Hay muchas opciones para anotar a mano, incluyendo:

(1) Escribir en un pizarrón, una pizarra blanca o un rotafolio ubicado detrás de ti.

(2) Escribir en una hoja de papel en tu escritorio y capturar la salida con una cámara de documentos (*document camera*), tu teléfono inteligente o un dispositivo similar

(3) Escribir en una tableta

(1) Escribir en un pizarrón, una pizarra blanca o un rotafolio ubicado detrás de ti

Si estás acostumbrado a utilizar una pizarra o un pizarrón para enseñar, puedes seguir haciéndolo si puedes adaptarte a lo que probablemente sea un entorno más restringido desde el punto de vista espacial (como tu casa o tu oficina). Confieso que era escéptico sobre la eficacia de este enfoque hasta que vi a algunos docentes usarlo con éxito. Y si puedes enseñar una sesión virtual en vivo desde un aula física, podrías usar la tecnología para proporcionar a tus estudiantes una experiencia que se asemeje a la de un salón de clases. Ver los ejemplos de "En la práctica" a continuación.

En la práctica 9.1 – Anotar con un rotafolio desde casa

Rem Koning enseña cursos de estrategia en la Escuela de Negocios de Harvard y usa un rotafolio para anotar lo que sus estudiantes dicen en respuesta a sus preguntas. Su elección de utilizar un rotafolio es muy deliberada. "En el momento en que compartes una diapositiva en Zoom con los estudiantes, toda su atención se dirige a la diapositiva", advierte. Así que Rem usa las diapositivas sólo ocasionalmente. La mayor parte del tiempo lo ves a él frente a un rotafolio, alternando entre hacer preguntas y escribir las respuestas de los estudiantes en el rotafolio. Como el rotafolio ofrece mucho menos espacio que el que tiene disponible en un salón de clases físico, es mucho más deliberado y limitado en lo que anota. Escribe con un marcador negro, pero ocasionalmente usa marcadores de color para resaltar ideas clave. Una vez que termina un segmento de la discusión, pasa al siguiente segmento y pasa a una página en blanco en el rotafolio. En una sesión, por ejemplo, Rem quiso destacar la importancia del fundador para el éxito de la empresa, así que en ese punto de la discusión pegó una foto del fundador en el rotafolio, algo que, en mi opinión, hizo el punto muy memorable para sus estudiantes. Rem está acostumbrado a enseñar en un aula con nueve pizarras, así que si él puede ajustarse a las limitaciones de espacio de un rotafolio, ¡todos podemos! Ver las fotos de más adelante.

Figura 9.1 – Rem Koning usando un rotafolio en una clase de estrategia en la Escuela de Negocios de Harvard

Anotando en dos columnas de un rotafolio

Pegando una imagen en la parte superior de un rotafolio

En la práctica 9.2 – Usar un pizarrón en un salón de clases

Steven J. Miller enseña matemáticas en Williams College. Ha impartido cursos donde los estudiantes de Williams College están físicamente presentes con él en el aula, mientras que los estudiantes de otras universidades de artes liberales (por ejemplo, Swarthmore, Vassar, etc.) se unen a distancia. Esta es una práctica común entre las universidades pequeñas de artes liberales que quieren ampliar el número de cursos disponibles para sus estudiantes. En estas clases, Steven utiliza una tecnología que permite a la cámara seguirlo en el aula mientras escribe en la pizarra (si estás interesado, revisa el sitio web complementario para un artículo que describe la tecnología que utiliza). Hasta ahora, ha recurrido a las grabaciones asincrónicas de sus clases para, principalmente, tratar dos situaciones: estudiantes de universidades con calendarios diferentes y estudiantes que quieren tomar dos cursos en el mismo bloque de tiempo. También considera que las grabaciones son un recurso valioso para los estudiantes que tienen que faltar a clase o para los que quieren volver a ver una parte de la clase.

Si bien podrías pensar que estarás limitado a una pequeña pizarra blanca o a un pizarrón pequeño mientras enseñas en línea desde tu casa, el ejemplo de Steven sugiere que podría ser factible utilizar una pizarra de tamaño completo en una clase virtual en vivo, si puedes tener acceso a un salón de clases. En un seminario web de universidades de artes liberales, comentó sobre el uso de una pizarra como una de las maneras en las que un docente puede hacer anotaciones: "Considero a Zoom como una forma de ayudar a facilitar las conversaciones. Dependiendo de lo que estés haciendo, diferentes cosas probablemente funcionarán mejor para ti. Sólo tienes que estar abierto a explorar". Ver la foto de más adelante.

Figura 9.2 – Steven J. Miller enseña desde un aula física y publica la grabación de la clase para los estudiantes que no pueden asistir a la clase en vivo

Fuente: https://www.youtube.com/watch?v=NgHIiZUYI6g&feature=youtu.be

(2) Escribir en una hoja de papel en tu escritorio y capturar la salida con una cámara de documentos, tu teléfono inteligente o un dispositivo similar

Si te gusta la sensación de escribir con un bolígrafo en una hoja de papel, podrías considerar hacerlo para capturar los comentarios de tus estudiantes -y compartir estos comentarios con ellos- utilizando una cámara de documentos, un teléfono inteligente o un dispositivo similar. Una ventaja de esta opción es que puedes utilizar una página en blanco, pero también una página impresa o una diapositiva o, incluso, una página de un periódico o de una revista. Luego, puedes usar un bolígrafo para escribir, resaltar, anotar, subrayar, etc. Esto hace que sea un sistema muy flexible. Hay dos elementos que debes tomar en cuenta al considerar esta opción:

(1) Requiere tener espacio en tu escritorio para escribir y para poner el dispositivo.
(2) Cualquier cosa que pongas debajo de la cámara aparecerá (por ejemplo, ¡no puedes tener pena de mostrar tus manos!).

En la práctica 9.3 – Anotar usando una cámara de documentos o un dispositivo similar

Shoshanna Kostant, una maestra de la escuela secundaria de Brookline, en Massachusetts, usa una cámara de documentos para enseñar matemáticas. A veces, tiene un problema matemático resuelto escrito en una hoja de papel, y esconde parte del contenido colocando una hoja de papel en blanco sobre parte de la hoja escrita. A medida que explica cómo resolver el problema, desliza progresivamente la hoja que tapa el contenido, revelando más del contenido de la hoja escrita. Esto le permite "escalonar" el aprendizaje de sus estudiantes de una manera muy simple. Además, cuando llega a una parte del problema que quiere que sus estudiantes intenten resolver, Shoshanna hace una pausa en la clase, da a sus estudiantes algo de tiempo para pensar y luego les pide que envíen sus respuestas por el chat privado. Después, llama a un estudiante y, poco a poco, continúa deslizando la hoja para hacer visible la solución de esa parte del problema (ver la foto de más adelante). En otras ocasiones, en lugar de tener el problema de matemáticas ya resuelto, sólo tiene la pregunta escrita y va escribiendo la respuesta mientras un estudiante la revela verbalmente.

Figura 9.3 – Shoshanna Kostant "escalona" el aprendizaje de sus estudiantes deslizando una página sobre un problema de matemáticas resuelto

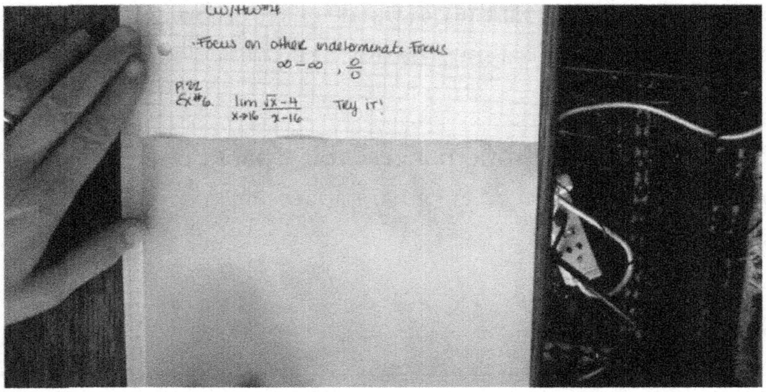

Figura 9.4 – Configuración de Shoshanna Kostant con una cámara de documentos

También puedes usar tu smartphone (teléfono inteligente) como una cámara de documentos. Para que esto funcione, debes colocar el teléfono de manera que grabe la hoja de papel donde estás escribiendo. Además, debes instalar una aplicación en el teléfono que permita a Zoom reconocer que el teléfono está actuando como una cámara adicional en tu computadora (consulta a continuación la sección "Consejos técnicos" para obtener más detalles). La ventaja de usar la cámara de documentos, en lugar del teléfono, es que es un dispositivo diseñado específicamente para ese uso. La desventaja es que ocupa espacio en tu escritorio y es más costoso que el uso de tu smartphone actual (suponiendo que tengas uno).

(3) Escribir en una tableta

La opción más flexible para tomar notas a mano es escribir en una tableta. Si ya utilizas una tableta con un lápiz electrónico (por ejemplo, el lápiz de Apple para un iPad, el lápiz para Microsoft Surface, etc.), esta es, probablemente, una opción atractiva para ti. La razón por la que este método es tan flexible es que puedes compartir con los estudiantes, básicamente, cualquier cosa que esté en tu tableta. Y eso significa que puedes usar cualquier software con el que te sientas cómodo para escribir los comentarios de tus estudiantes. Por ejemplo, tanto PowerPoint como Keynote permiten escribir a mano en las diapositivas mientras se presentan en la tableta, una funcionalidad que te proporciona los beneficios de un software de presentación moderno y la flexibilidad de poder escribir a mano en tus diapositivas. También puedes utilizar un software diseñado específicamente para la toma de notas, como Microsoft OneNote, Notability, GoodNotes, entre otros. Por último, también puedes usar una tableta para escribir usando la función de pizarra nativa de Zoom.

En la práctica 9.4 – Usar una tableta para anotar

Teddy Svoronos usa un iPad para enseñar métodos cuantitativos en la Escuela Kennedy de Harvard. Importa un PDF de su clase a una aplicación llamada GoodNotes, que utiliza para proyectar el PDF y escribir sobre el documento durante la clase. Mientras hace preguntas a los estudiantes y ellos responden, va anotando sus respuestas. También usa el lápiz de Apple para subrayar partes importantes de una tabla, resaltar secciones del resultado al que quiere que sus estudiantes presten especial atención, etc. Así, los estudiantes ven su aporte reflejado en el material escrito, y él "aterriza" lo que de otro modo podría haber sido una conversación abstracta.

Figura 9.5 – Teddy Svoronos muestra un PDF y anota a partir de los aportes de sus estudiantes.

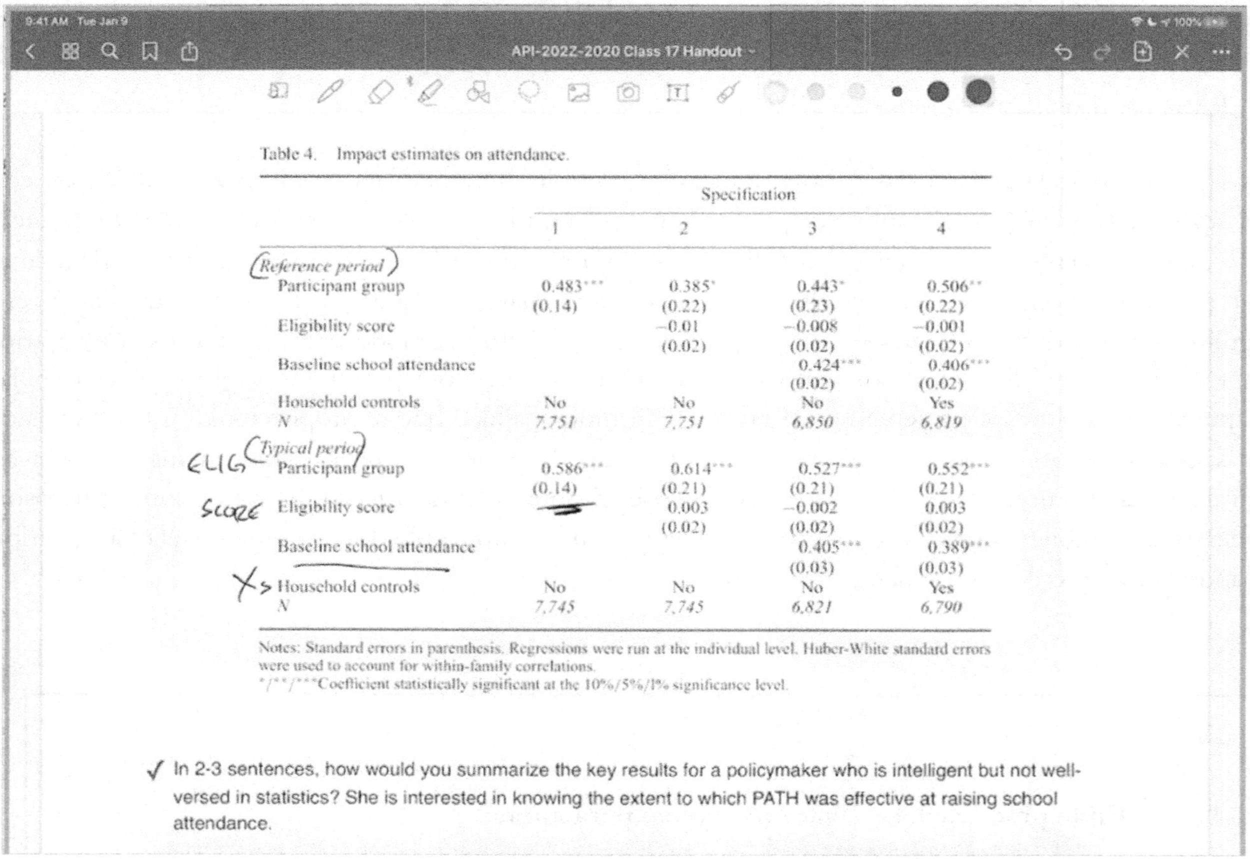

Table 4. Impact estimates on attendance.

	Specification			
	1	2	3	4
Reference period				
Participant group	0.483***	0.385*	0.443*	0.506**
	(0.14)	(0.22)	(0.23)	(0.22)
Eligibility score		−0.01	−0.008	−0.001
		(0.02)	(0.02)	(0.02)
Baseline school attendance			0.424***	0.406***
			(0.02)	(0.02)
Household controls	No	No	No	Yes
N	*7,751*	*7,751*	*6,850*	*6,819*
Typical period				
Participant group	0.586***	0.614***	0.527***	0.552***
	(0.14)	(0.21)	(0.21)	(0.21)
Eligibility score		0.003	−0.002	0.003
		(0.02)	(0.02)	(0.02)
Baseline school attendance			0.405***	0.389***
			(0.03)	(0.03)
Household controls	No	No	No	Yes
N	*7,745*	*7,745*	*6,821*	*6,790*

Notes: Standard errors in parenthesis. Regressions were run at the individual level. Huber-White standard errors were used to account for within-family correlations.
*/**/***Coefficient statistically significant at the 10%/5%/1% significance level.

✓ In 2-3 sentences, how would you summarize the key results for a policymaker who is intelligent but not well-versed in statistics? She is interested in knowing the extent to which PATH was effective at raising school attendance.

Anotando con el teclado

Como se ha indicado anteriormente, las dos herramientas principales para anotar usando el teclado son:

(1) La pizarra blanca nativa de Zoom
(2) Un documento en tu computadora en el software de tu preferencia (por ejemplo, PowerPoint, Documentos de Google, Presentaciones de Google, Microsoft OneNote, Microsoft Word, etc.)

(1) La función de pizarra blanca nativa de Zoom

Una forma sencilla de anotar lo que dicen los estudiantes es escribir en un documento. Puedes hacerlo usando la función de pizarra nativa de Zoom. Esta herramienta es, por el momento, bastante básica, pero tiene la ventaja de que está integrada en Zoom (eso permite que todo ocurra dentro de Zoom). Para usar la pizarra, simplemente haz clic en "Compartir pantalla" y selecciona el ícono "Pizarra".

Figura 9.6 – Activar la función de pizarra de Zoom a través de "Compartir pantalla"

Una vez que estés en la pizarra, presiona "Texto", ubica el cuadro de texto donde quieras en el "lienzo" y comienza a tipear. También puedes dibujar y usar algunas de las otras opciones disponibles. Si piensas dibujar o escribir a mano con la función de pizarra de Zoom, te recomiendo que para hacerlo conectes una tableta (consulta la sección "Consejos técnicos" a continuación).

Figura 9.7 – Usar la pizarra nativa de Zoom para escribir texto

Por último, una ventaja de la pizarra blanca de Zoom es que tus estudiantes también pueden anotar al mismo tiempo. Eso sí, si más de unos pocos estudiantes están escribiendo puede llegar a ser difícil de manejar. Si prefieres, puedes cambiar un ajuste en Zoom para desactivar la capacidad de los estudiantes de hacer anotaciones.

(2) Escribir en un documento en tu computadora

Una opción más sólida para escribir notas durante la clase es preparar un documento en blanco (por ejemplo, PowerPoint, Keynote, Presentaciones de Google, Documentos de Google, etc.) y mostrárselo a los estudiantes durante la clase – a través de "Compartir pantalla"- mientras lo escribes y completas. Si haces esto, puede ser útil preparar plantillas que establezcan la estructura de tus anotaciones y te permitan escribir, con mayor facilidad, exactamente en el lugar de la página que quieras. Consulta "En la práctica" a continuación para ver un ejemplo de cómo hacer esto con PowerPoint.

En la práctica 9.5 – Anotar escribiendo en PowerPoint

Mitch Weiss enseña cursos de emprendimiento en la Escuela de Negocios de Harvard (HBS) y usa PowerPoint para anotar lo que sus estudiantes dicen en respuesta a sus preguntas. Tiene unas cuantas diapositivas con cajas de texto que le permiten decidir rápidamente dónde quiere escribir el comentario que el estudiante está haciendo. Una clave para hacer este trabajo es diseñar las diapositivas para tomar notas de una manera muy intencional, para que sepas rápidamente dónde escribir las notas. Cuando Mitch presenta las diapositivas a sus estudiantes, su presentación de PowerPoint está en modo "Normal" (es decir, no en modo "Presentación de diapositivas") para que pueda escribir en una diapositiva; y tiene la barra lateral minimizada para que la diapositiva sea lo más grande posible y para que los estudiantes no puedan ver las diapositivas posteriores. Ver la imagen de más adelante.

Mitch utiliza "Compartir pantalla" para, por momentos, compartir estas diapositivas con los estudiantes, pero cuando quiere que los estudiantes se vean más entre sí (en lugar de ver las diapositivas), continúa tomando notas en las diapositivas, pero deja de compartir su pantalla. A lo largo de la clase, entra y sale sin problemas del modo "Compartir pantalla" para permitir que los estudiantes alternen entre verlo a él y a los demás (el modo "Compartir pantalla" está desactivado) y ver las diapositivas en las que está escribiendo (el modo "Compartir pantalla" está activado).

Figura 9.8 – Mitch Weiss introduce los comentarios de los estudiantes escribiendo en las diapositivas de PowerPoint

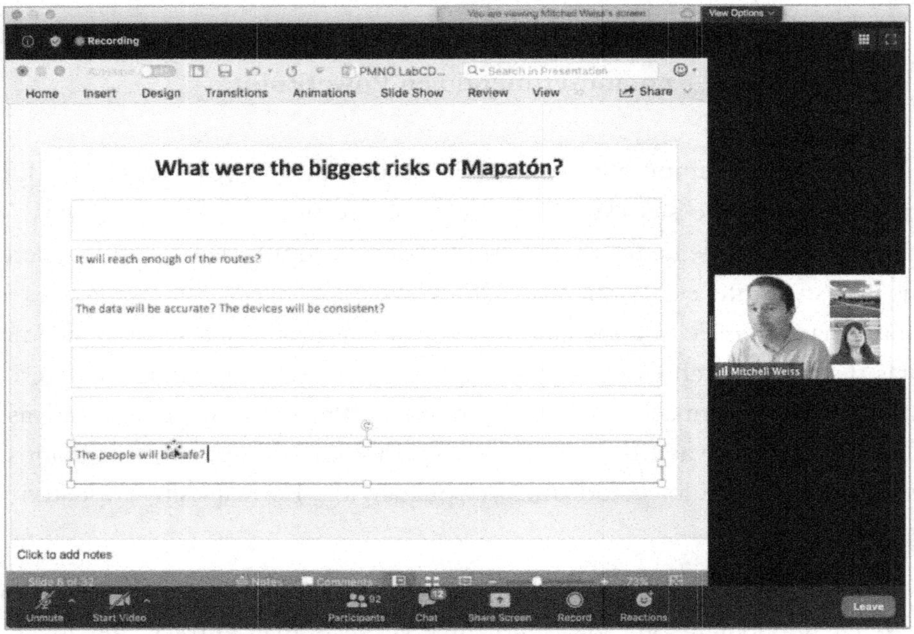

La ventaja de utilizar una solución de colaboración -como Presentaciones de Google o Documentos de Google- para registrar el aporte de los estudiantes es que los propios estudiantes pueden escribir los comentarios directamente en el documento compartido, lo que hace que la toma de notas sea una tarea de mayor colaboración. Revisa el capítulo 6, "Trabajar en grupos", para obtener más detalles sobre cómo utilizar Presentaciones de Google en el contexto de una clase online en directo; y el capítulo 11, "Crear comunidad", para obtener algunas ideas sobre cómo utilizar Documentos de Google para fomentar un sentido de comunidad.

Consejos técnicos

- Si planeas hacer anotaciones usando un rotafolio o una pizarra física en el cuarto donde estás enseñando, prueba antes tu configuración con personas que se unan por medio de Zoom y que te ayuden a identificar los ajustes necesarios (qué tan atrás de ti debe estar el rotafolio o la pizarra, qué porciones son legibles, etc).

- Si planeas hacer anotaciones con una cámara de documentos, verás que hay muchas opciones en el mercado. Dos características clave son la resolución y el tamaño (debe caber en tu escritorio). El sitio web complementario tiene algunos enlaces con sugerencias.

- En mayo de 2020, Zoom habilitó el soporte para cámaras virtuales, una funcionalidad que te permite usar un teléfono inteligente como cámara de documentos. Para hacerlo, necesitas instalar un software. Hay varias opciones en el mercado y el sitio web complementario tiene algunos enlaces con sugerencias. Para compartir, haz clic en "Compartir pantalla" en la barra de herramientas principal de Zoom, haz clic en "Avanzado" y luego en "Contenido de la segunda cámara". Ver la imagen de más adelante.

Figura 9.9 – Compartir contenido de la segunda cámara

- Si planeas hacer anotaciones utilizando un dispositivo adicional (por ejemplo, iPad, Microsoft Surface, etc.), te sugiero que conectes ese dispositivo a tu computadora por cable y luego utilices la función "Compartir pantalla" de Zoom, en lugar de utilizar cualquiera de los otros métodos alternativos (consulta la sección "Consejos técnicos" del capítulo 8 para obtener más detalles).

- Si deseas simplemente utilizar una pizarra electrónica para escribir a mano los comentarios de los estudiantes, una forma de hacerlo es utilizar la herramienta de pizarra nativa de Zoom. En teoría, podrías usar el ratón para escribir a mano, pero francamente no recomiendo hacerlo de esta manera ya que el resultado rara vez se ve bien y toma más tiempo escribir con un ratón que con un lápiz. Si quieres escribir a mano y utilizar la pizarra de Zoom para hacerlo, te recomiendo que consideres la posibilidad de conectar una tableta (por ejemplo, Wacom, iPad, Microsoft Surface, etc.) con un lápiz electrónico.

Resumen del capítulo

- Anotar para explicar tus ideas y/o grabar los comentarios de los estudiantes puede hacer que tus clases sean mucho más dinámicas, atractivas y efectivas.
- Para decidir qué herramienta usar, es útil considerar si quieres anotar a mano o a máquina.
- Prueba primero las herramientas para decidir cuáles te funcionan, y pruébalas con amigos o colegas para hacer los ajustes necesarios antes de comenzar a usarlas en la clase.

PARTE IV – JUNTANDO TODO

El objetivo de esta última parte es ayudar a poner en un contexto más amplio algunas de las herramientas que aprendiste en las tres partes anteriores, e integrar ese conocimiento. El capítulo 10 reconoce que las clases virtuales en vivo son sólo una parte del ecosistema más amplio del aprendizaje en línea, y proporciona orientación sobre cómo decidir qué material debe ser presentado en las sesiones en vivo y qué debe ser reservado, en cambio, al aprendizaje fuera de las clases en vivo. Luego, se enfoca en cómo lograr una sinergia entre los dos tipos de experiencias de aprendizaje. El capítulo 11 trata sobre el objetivo crucial de fomentar un sentido de comunidad en tu curso en línea. Está organizado en torno a las prácticas que puedes emplear para construir comunidad antes, durante y fuera de la clase. Por último, el capítulo 12 ofrece algunos consejos para ayudarte a incorporar lo que has aprendido, y ofrece algunas ideas para organizar tus próximos pasos.

Capítulo 10 – Integración de material sincrónico y asincrónico

Las clases virtuales en vivo -el enfoque de este libro- son sólo una parte del gran ecosistema del aprendizaje en línea. Al igual que en un curso presencial, el compromiso de tus estudiantes con el curso no sólo ocurre durante las clases en vivo. Ya, normalmente, les pides a tus estudiantes que trabajen en una serie de asignaciones fuera de la clase, incluyendo lecturas, tareas, módulos en línea, pruebas, proyectos, reflexiones, memorandos, etc. Esta práctica hace que ya estés acostumbrado a pensar en el equilibrio entre el trabajo en clase y fuera de ella.

Sin embargo, como muchos de nosotros estamos en un proceso de transición para enseñar nuestros cursos en línea, se nos anima a pensar más cuidadosamente sobre qué material deberíamos tratar de enseñar en nuestras sesiones en vivo (sincrónicamente) y qué material deberíamos pedir a los estudiantes que revisen en su propio tiempo (asincrónicamente). Esto es especialmente importante ahora porque, como se describe en el capítulo 3, muchos docentes están notando que pueden cubrir menos material en una sesión en línea en vivo que en una sesión presencial igualmente larga. Eso implica que muchos de nosotros tendremos que tomar algunas decisiones difíciles sobre qué material mantener en nuestras sesiones en vivo, qué material pedir a nuestros estudiantes que revisen en su tiempo libre, y qué material cortar. Además, algunos de nosotros estamos, o estaremos, en situaciones donde los horarios de clase proporcionan menos tiempo de clase en vivo que el tiempo que solíamos tener cuando enseñábamos a los estudiantes en persona.

Este capítulo comienza con una discusión sobre cómo tomar las decisiones de qué material debe ser presentado de forma sincrónica y qué debe ser reservado, en cambio, al aprendizaje asincrónico. Luego, me enfoco en el tema de cómo aprovechar el aprendizaje asincrónico de los estudiantes para ayudar a conducir mejores sesiones de clase sincrónicas.

Definiciones clave

- Sincrónico: tú y tus estudiantes se reúnen en una sesión en vivo (Zoom).
- Asincrónico: los estudiantes revisan el material en su propio tiempo (antes y/o después de la sesión de clase en vivo).

Decisiones clave

(1) ¿Cómo debo **dividir** mi contenido en materiales sincrónicos y asincrónicos?

(2) ¿Cómo debo **aprovechar el aprendizaje asincrónico** para ayudarme a enseñar mejores sesiones sincrónicas?

10.1 ¿Cómo debo dividir mi contenido en materiales sincrónicos y asincrónicos?

La respuesta a esta pregunta dependerá de cuál es para ti la ventaja comparativa de una sesión de clase en vivo sobre las actividades que tus estudiantes pueden hacer asincrónicamente. En otras palabras, ¿cuáles son las actividades de aprendizaje en las que estar juntos marca la diferencia? Esto variará en función de tus objetivos de aprendizaje, el material que enseñes y tu estilo de enseñanza, pero a continuación se muestra una tabla que resume lo que creo que son principios generales razonables.

Tabla 10.1 – Principios generales del aprendizaje sincrónico y asincrónico

	Aprendizaje sincrónico	**Aprendizaje asincrónico**
Mejor cuando	• El intercambio de perspectivas entre tus estudiantes es importante.	• Quieres que los estudiantes tengan o desarrollen una base común antes de tu clase (especialmente de ideas/conceptos básicos).

	• El aprendizaje de tus estudiantes entre sí es importante. • El diálogo es importante. • Tu intervención para facilitar o mediar es importante. • Quieres construir un sentido de comunidad.	• Identificar las perspectivas o el conocimiento de tus estudiantes sobre el tema tendrá impacto sobre la forma en que enseñarás la clase en vivo. • El permitir que cada estudiante vaya a su propio ritmo sería beneficioso para su aprendizaje. • El permitir que los estudiantes tengan suficiente tiempo para reflexionar sobre el material sería beneficioso para su aprendizaje.
Ejemplos típicos	• Un debate. • Una discusión socrática. • Hacer una votación y luego pedir a los estudiantes que trabajen en grupos para discutir el tema. • Una discusión de temas sensibles o con carga emocional. • Una actividad que, al hacerla juntos, ayuda a construir el sentido de comunidad.	• Una lectura (por ejemplo, un libro, un artículo, un estudio de caso, etc.). • Un vídeo. • Una conferencia corta. • Un módulo en línea donde los estudiantes con poco conocimiento sobre el material pueden ir a un ritmo más lento que los estudiantes con un conocimiento más sólido. • Una asignación de programación de computadoras.

La prueba de lavandería

En la escuela donde enseño, las clases de Zoom se graban, generalmente, para que los estudiantes puedan verlas si no pueden asistir a la sesión en vivo. Recientemente, le pregunté a una estudiante cómo decidía si participar en la clase en vivo o ver la grabación más tarde. Su respuesta fue reveladora: "Cuando estoy tratando de decidir, me pregunto a mí misma: '¿Esta es una clase a la que podría asistir mientras doblo mi ropa?'. Si la respuesta es sí, veo la grabación. Si la respuesta es no, asisto a la sesión en vivo". Si bien pienso que, en general, deberíamos diseñar experiencias de aprendizaje, tanto sincrónicas como asincrónicas, que los estudiantes encuentren tan interesantes que no puedan doblar la ropa al mismo tiempo, creo que el espíritu de esta pregunta podría ayudar a informar tu decisión de qué reservar para el aprendizaje asincrónico. Si los estudiantes pueden doblar su ropa mientras se vinculan con la actividad, mi consejo es que la elimines o la reserves para el aprendizaje asincrónico.

Diseñando material asincrónico

Cómo diseñar un material asincrónico efectivo está fuera del alcance de este libro, pero estas pautas pueden ser útiles:

- **Utiliza los mismos principios de aprendizaje activo que utilizarías al diseñar una experiencia sincrónica.** No hables a tus estudiantes durante mucho tiempo sin proporcionarles oportunidades para procesar, internalizar, aplicar, reflexionar y dar sentido al material. Esto puede lograrse, a veces, dividiendo una grabación larga en varias pequeñas e incluyendo entre esas grabaciones preguntas para que los estudiantes puedan participar activamente. Asegúrate de que estas preguntas sean significativas y no sólo un trabajo mecánico.

- **Incorpora en el diseño de tus materiales asincrónicos oportunidades para recolectar información sobre tus estudiantes que puedas usar en el diseño de tus clases en vivo.** Por ejemplo, podrías hacer unas cuantas preguntas en una encuesta que te ayuden a comprender cuáles son las partes del material dominan tus estudiantes y cuáles no. O simplemente podrías pedirles que apliquen el contenido del material a sus propias vidas o que hagan preguntas abiertas sobre el material. Para obtener ideas sobre qué tipo de información recopilar y cómo utilizarla, consulta la siguiente sección.

El sitio web complementario tiene enlaces a algunos recursos útiles sobre cómo crear material asincrónico, incluyendo un "kit para clases invertidas" (*flipped classroom*) y algunos ejemplos concretos de materiales asincrónicos.

10.2 ¿Cómo debería aprovechar el aprendizaje asincrónico para ayudarme a enseñar mejores sesiones sincrónicas?

Como se ha indicado anteriormente, es útil diseñar el material asincrónico de una manera que te permita recopilar información sobre tus estudiantes, que luego puedas utilizar para realizar mejores sesiones sincrónicas. En la imagen que figura a continuación se resumen los tres pasos clave de este enfoque de "aprendizaje combinado" (*blended learning*), en el que se combinan los componentes sincrónicos y asincrónicos de tu curso.

Figura 10.1 – El proceso de aprendizaje combinado

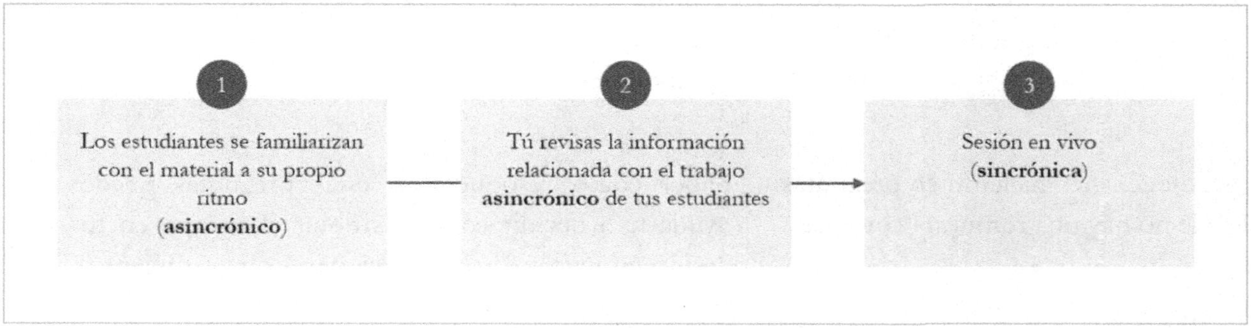

Un patrón que he notado es que algunos docentes omiten, o no aprovechan al máximo el paso 2. A continuación, hay una tabla que te proporciona algunas ideas del tipo de información que podrías recolectar (paso 1) y revisar (paso 2), y cómo podrías aprovechar esa información en tus clases en vivo (paso 3). Es importante subrayar que a menudo tienes una tarea asincrónica después de la sesión en vivo (paso 3) que podría ayudar a los estudiantes a solidificar su aprendizaje y, a la vez, ayudarte a ajustar el diseño de la siguiente clase, en cuyo caso la imagen de arriba podría lucir más bien como un ciclo que como una secuencia.

Tabla 10.2 – Información que podrías recolectar en la asignación asincrónica y cómo podrías utilizarla

Información que podrías recolectar de tus estudiantes	**Cómo podrías utilizar esta información**
Qué porcentaje de ellos realizó el trabajo asincrónico.	Sólo porque les pediste a tus estudiantes que completaran la asignación no significa que lo hicieron. Esta información podría llevarte a recordarles tus expectativas acerca del trabajo que esperas que hagan.
Qué partes del material han o no dominado.	Esto podría ayudarte a determinar cómo deberías distribuir tu tiempo durante la clase (dedicando menos tiempo al material que ya dominan).
Qué modelos mentales y conceptos erróneos están trayendo a la clase.	Vincularte directamente con sus modelos mentales y conceptos erróneos te ayudará a profundizar el aprendizaje.
Qué elecciones hicieron en preguntas donde no hay una respuesta correcta.	Saber cómo respondieron estas preguntas puede ayudarte a decidir cómo distribuir el tiempo en tu sesión en vivo y/o preseleccionar a qué estudiantes quieres llamar durante la sesión en vivo.
Qué experiencia personal o profesional tienen que sea relevante para el material de la clase.	Al identificar qué estudiantes tienen un perfil personal y académico relevante, puedes "traer sus voces" a la clase en los momentos apropiados.

Cómo están aplicando el contenido del material a sus vidas.	Puedes utilizar los ejemplos que hayan dado para conocer a tus estudiantes, y ayudar a conectar el material con las cosas que les interesan.

Dos ejemplos ilustrativos de aprendizaje combinado en acción

Estos dos ejemplos de aprendizaje combinado tienen como objetivo despertar tu imaginación, y espero que te ayuden a encontrar algunas ideas para tus propias clases en vivo.

Ejemplo 1 – Aprovechar la información sobre lo que los estudiantes han dominado y lo que no han dominado

Indicas a los estudiantes que revisen algún material antes de la clase y les pides que respondan a una encuesta con cinco preguntas de selección múltiple, cada una seguida de una pregunta en la que les pides que expliquen su elección. Más adelante, en la figura, puedes ver los resultados: el número en la parte inferior de cada barra representa el porcentaje de estudiantes que acertó en esa pregunta; y el número en la parte superior es el porcentaje que se equivocó. A partir de esto, se concluye que los estudiantes parecen haber dominado el material que las preguntas 2, 3 y 4 estaban evaluando, pero tuvieron más dificultades para dominar el material correspondiente a las preguntas 1 y 5. Saber esta información te llevaría a dedicar menos tiempo de la clase en vivo al contenido relacionado con las preguntas 2, 3 y 4, y más tiempo de clase al contenido relacionado con las preguntas 1 y 5. Observa que sin haber recogido estos datos de los estudiantes en la parte asincrónica de la asignación, habría sido difícil tomar esta decisión.

Figura 10.2 – Resumen de cuán bien lo hicieron los estudiantes en cada pregunta de la encuesta previa a la clase

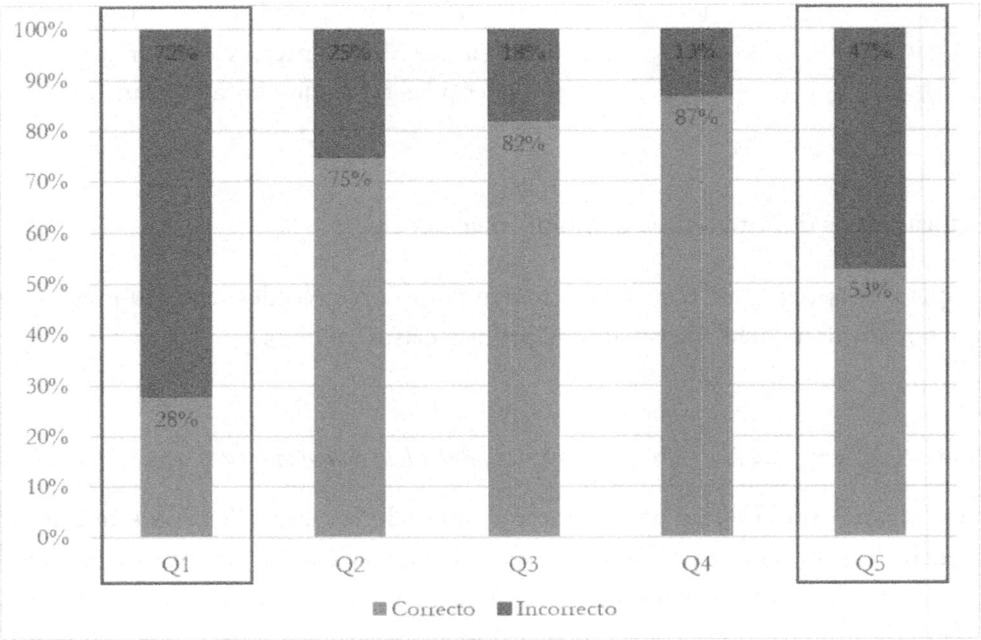

Además, podrías mirar más de cerca la pregunta 1 y analizar las explicaciones proporcionadas por los estudiantes que la respondieron incorrectamente; e identificar algunos conceptos erróneos que tienen esos estudiantes. También podrías reconocer, incluso, algunos conceptos erróneos después de leer las explicaciones que dieron los estudiantes que respondieron correctamente las preguntas. Con esta información, no sólo sabes con qué partes de los materiales asincrónicos tienen dificultades, sino también *por qué* las tienen. Así, puedes diseñar un plan de clase que aborde directamente las razones de estas dificultades; por ejemplo, dándoles un problema en clase donde es probable que surjan las mismas ideas incorrectas, para luego ayudar a los estudiantes a ver en clase (a través de la discusión u otros medios) por qué estas formas de abordar el problema no son válidas. Una vez más, puedes notar que, sin haber recogido estos datos de los estudiantes en la asignación asincrónica, habría sido difícil tomar este curso de acción.

Figura 10.3 – Análisis de cómo los estudiantes justificaron sus respuestas a una de las preguntas de selección múltiple

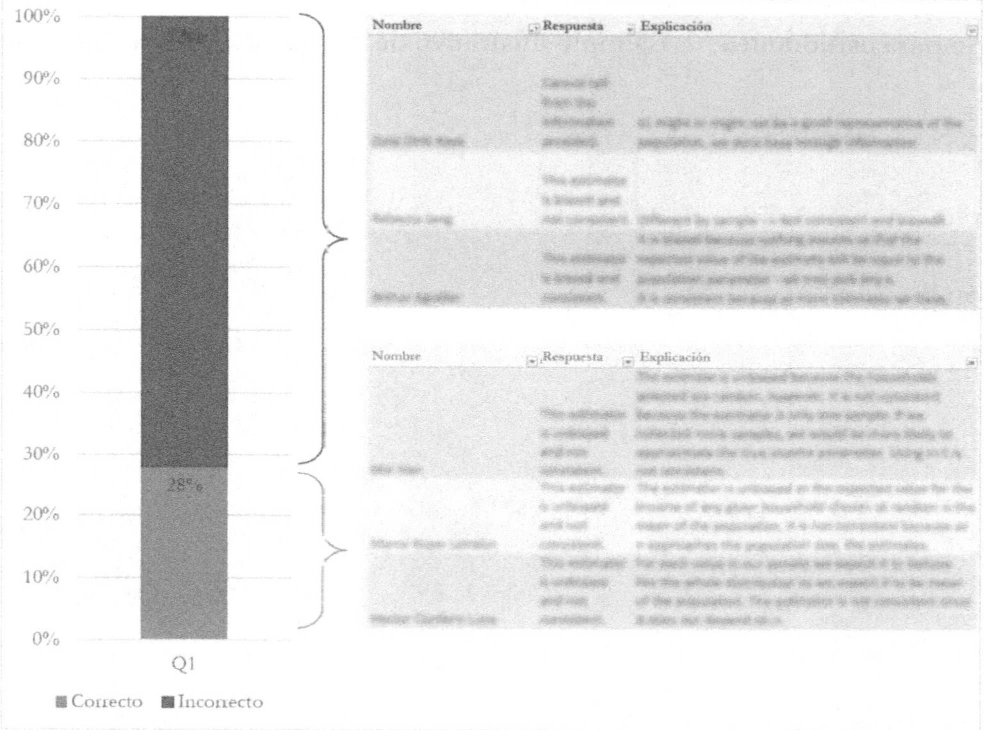

Nota: El contenido de la derecha está borroso para proteger la confidencialidad de los estudiantes.

Ejemplo 2 – Aprovechar las respuestas de los estudiantes a preguntas que no tienen una respuesta correcta

Pides a tus estudiantes que lean un artículo o un estudio de caso, y los invitas a que expresen una preferencia o adopten una posición. Por ejemplo: "Dada la evidencia presentada en este artículo, ¿cuál de estas tres posiciones crees que es la más razonable?", y proporcionas tres opciones en una pregunta de selección múltiple. En la situación de un estudio de caso, la pregunta podría ser: "¿Si estuvieras en los zapatos del protagonista del caso, qué decidirías?", y das a los estudiantes tres opciones en una pregunta de selección múltiple. En cualquiera de las dos situaciones, después de la pregunta de selección múltiple, colocas una pregunta en la que les pides que, en un párrafo corto, justifiquen su respuesta.

Tabla 10.3 – *Aprovechar las respuestas de los estudiantes a preguntas que no tienen una respuesta correcta*

Cuestionario para estudiantes	**Ejemplo ilustrativo de evidencia que podrías recoger**
(1) ¿Qué opción elegirías? ❑ Opción A ❑ Opción B ❑ Opción C	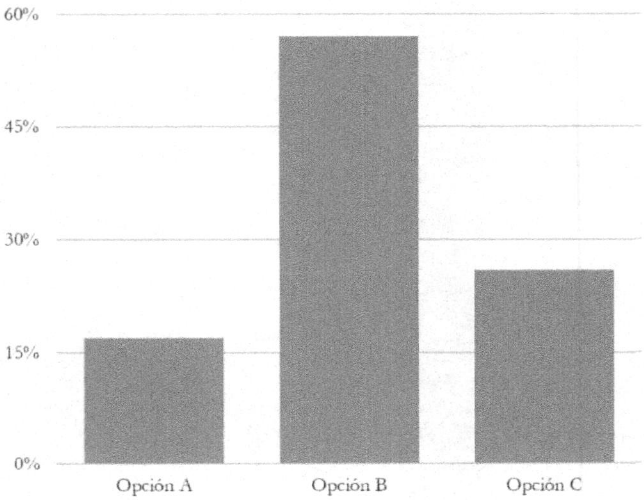
(2) Justifica tu respuesta a la pregunta 1.	**María:** *elegiría la opción A porque…* **Patricia:** *elegiría la opción B porque …* **Pedro:** *yo elegiría la opción C porque…* … [otras respuestas de estudiantes aquí]

Si miras los datos correspondientes a la primera pregunta, ves que más de la mitad de los estudiantes están a favor de la opción B; también notas que la opción A fue favorecida por muy pocos estudiantes. Entonces, comienzas a planificar tu sesión en vivo y piensas en las estrategias que podrías emplear, asegurándote de que la opción A esté bien representada en la discusión de la clase. Empiezas a revisar las respuestas a la segunda pregunta y notas que Ruth, quien estaba a favor de la opción A, presentó un argumento muy convincente para esta elección. Luego, decides que llamarás a Ruth cuando la sesión en vivo se lleve a cabo. Además, ves que Varun, quien votó por la opción C, tiene un argumento que contrasta con el de Ruth de forma interesante, y decides que después de llamar a Ruth podrías llamar a Varun para generar un debate interesante. Armado con esta información, ahora entras en tu clase en vivo con una mejor idea del nivel de conocimiento de tus estudiantes, y con un buen plan para aprovechar su trabajo en la sesión asincrónica y tener una sesión de clase en vivo más interesante y estimulante.

Cuando comienzas la sesión de clase en vivo, un desafío que enfrentas es cómo recordar qué estudiante favoreció qué opción. Un enfoque de baja tecnología es simplemente clasificar los nombres de los estudiantes en función de sus respuestas a la pregunta de selección múltiple, e imprimir esa hoja para consultar los nombres a medida que se desarrolla la discusión. Si bien esto es muy fácil de hacer, requiere que mires la hoja impresa mientras enseñas tu sesión en vivo.

Un enfoque de alta tecnología es pedir a cada estudiante que se renombre en Zoom (consulta la sección "Consejos Técnicos" más adelante para instrucciones sobre cómo hacerlo), según la opción por la que haya votado (por ejemplo, "A – Ruth Levine", "C – Varun Garg", etc.). Ahora, cuando miras la lista de participantes, no sólo ves los nombres de los estudiantes, sino también cómo respondieron la pregunta clave de selección múltiple formulada antes de la clase. Durante la sesión, llamas a Ruth y Varun – tal como lo planeaste – y se produce un interesante debate. Luego, querrás traer a alguien que esté a favor de la opción B (buscarás en tu lista de participantes en Zoom a un estudiante que haya votado por la opción B), y notarás, por ejemplo, que tres estudiantes tienen la mano levantada, pero que sólo Beatriz votó por la opción B. Entonces, llamas a Beatriz. Y así sucesivamente. ¡Parece magia! Los estudiantes ni siquiera saben cómo, pero tú acabas de orquestar una discusión interesante de una manera que rara vez han visto. Y todo esto sucedió porque te tomaste el tiempo para pensar en qué información querías saber sobre cómo tus estudiantes procesaron el material asincrónico, recogiste esa información y la usaste para armar el plan de tu clase.

Al emplear el enfoque de aprendizaje combinado representado en los ejemplos ilustrativos anteriores, pueden surgir las siguientes preguntas:

¿Cómo me aseguro de que los estudiantes completen las asignaciones asincrónicas?

La respuesta a esta pregunta dependerá de tu contexto institucional, pero considera la posibilidad de que completar estos "ejercicios previos a la clase" formen parte de la calificación del curso. Recomiendo que consideres la opción de calificar en función de si el estudiante completó o no la asignación (o tal vez según el esfuerzo), pero no en función de si las respuestas fueron correctas.

Esto suena muy bien, pero ¡no tengo tiempo para hacer todo esto para cada clase! ¿Qué debo hacer?

No tienes que hacer esto para cada clase. Como con cualquier otra área de la enseñanza, mi consejo es que empieces poco a poco. Experimenta por un par de clases en tu próximo curso. O para ahorrar tiempo, sólo haz preguntas de selección múltiple (o numéricas), sin pedir respuestas explicativas. Evalúa cómo te va. Aprenderás mucho. Luego, puedes ajustar y hacer más la próxima vez. También puedes decidir qué no funciona para ti, y no volver a hacerlo.

¿Cuándo deben los estudiantes hacer el trabajo asincrónico?

La coordinación exacta del tiempo entre el trabajo sincrónico y el asincrónico dependerá de muchos factores, pero, en general, quieres que el trabajo asincrónico concebido para informar el plan de la clase se complete en algún momento antes de la clase. Por ejemplo, si tu clase en vivo es a las 9:00 de la mañana, puedes establecer que la fecha de entrega sea el día anterior, para darte algo de tiempo para revisar la información y ajustar tu plan de clases. Es más, incluso si el trabajo debe completarse poco antes de la sesión de clase, es posible que ya el día anterior tengas suficiente información para al menos empezar a tomar algunas decisiones. Luego, podrás hacer los ajustes finales justo antes de la clase.

Consejos técnicos

- Para que los estudiantes cambien su nombre en Zoom, pídeles que hagan lo siguiente (ver más adelante):
    - Ir a la lista de participantes.
    - Pasa el cursor sobre su nombre.
    - Hacer clic en Más.
    - Hacer clic en Renombrar.
    - Escribir su nuevo nombre.
    - Darle a "Enter".

Figura 10.3 – Instrucciones para cambiar el nombre en Zoom añadiendo, antes de su nombre, la opción que seleccionó el estudiante

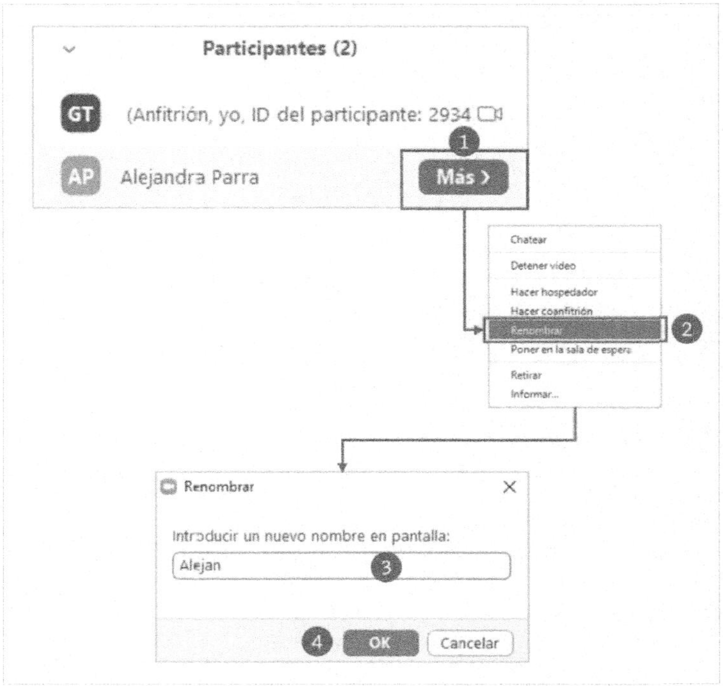

Resumen del capítulo

- Las clases virtuales en vivo son sólo una parte del gran ecosistema de aprendizaje en línea.

- Decisión clave #1 – ¿Cómo debo **dividir** mi contenido en materiales sincrónicos y asincrónicos?
  - Recuerda la prueba de lavandería: si los estudiantes pueden doblar su ropa mientras participan en la actividad, considera eliminarla o reservarla para el aprendizaje asincrónico.

- Decisión clave #2 – ¿Cómo debo **aprovechar** el aprendizaje asincrónico para enseñar mejores sesiones sincrónicas?
  - Recopila información sobre cómo tus estudiantes procesan el material asincrónico, y utiliza los datos para diseñar una mejor clase en vivo.

Capítulo 11 – Construir comunidad

Se ha escrito mucho sobre la importancia de crear o construir un sentido de comunidad en los cursos virtuales.[19] Las interacciones -entre tú y tus estudiantes, y entre los estudiantes entre sí- suceden casi automáticamente en el aula física, pero en el aula virtual hay que ser mucho más deliberado a la hora de crear estas interacciones, que son esenciales para construir una fuerte comunidad de aprendizaje. El objetivo final de una fuerte comunidad de aprendizaje es inculcar un sentido de pertenencia y camaradería que mantenga a tus estudiantes comprometidos y los motive a aprender y perseverar. Este capítulo se centra en cómo construir comunidad en las clases virtuales en vivo. En la siguiente tabla, se desglosa la construcción de comunidad en tres objetivos clave y se proporcionan ejemplos ilustrativos de las formas de alcanzar cada uno. El sitio web complementario tiene algunas lecturas y recursos sugeridos sobre cómo construir comunidad de manera más amplia.

Tabla 11.1 – Objetivos de la construcción de comunidad

Objetivos de la construcción de comunidad	**Ejemplos**
Fomentar oportunidades para que los estudiantes se relacionen contigo	• Abre tu aula virtual unos minutos antes de la clase y déjala abierta unos minutos después de la clase. • Amplía tus horas de consulta. • Explora nuevas modalidades en tus horas de consulta (con un grupo, por ejemplo). • Mantén más correspondencia 1:1 con tus estudiantes. • Aprende los nombres de tus estudiantes y su perfil personal y académico básico. • Recopila información que te ayude a saber cómo le va a cada estudiante individualmente en el curso.

Fomentar oportunidades para que los estudiantes **se relacionen entre sí**	• Utiliza grupos pequeños *ad hoc*. • Diseña asignaciones para grupos pequeños. • Diseña proyectos de grupo de distinta envergadura. • Proporciona oportunidades para la revisión estructurada de los pares/retroalimentación (*feedback*)
Involucra a los estudiantes en la **construcción de la comunidad** de aprendizaje	• Utiliza preguntas para "romper el hielo" al principio de la sesión, con el fin de ayudar a los estudiantes a aprender más sobre los demás, especialmente en lo relacionado con experiencias relevantes para la clase. • Anima a tus estudiantes a crear conjuntamente normas de participación en la clase. • Pide a los estudiantes que preparen nuevos contenidos y ejemplos para el curso.

Esta tabla se basa en el aporte de mi colega María Flanagan, una diseñadora de aprendizaje muy atenta a la creación de comunidades y a otros elementos clave del aprendizaje en línea.

El resto de este capítulo está organizado en torno a las prácticas que se pueden emplear para construir comunidad antes, durante y fuera de la clase.

11.1 Prácticas para crear comunidad antes de que comience la clase

Es una buena idea invitar a tus estudiantes a unirse a tu clase virtual unos minutos antes de que empiece la sesión. Hacerlo permite a los estudiantes verte y ver a los demás, participar en algunas actividades que fortalezcan su sentido de pertenencia y comunidad (consulta las ideas más adelante), probar la tecnología (vídeo, micrófono, etc.) y asegurarte de que están listos para aprender cuando empiece la hora oficial de la clase.

¿Cuánto tiempo antes de que empiece la clase deberías pedirles a los estudiantes que se unan? Esto obviamente variará según tu contexto institucional, tus preferencias personales y las limitaciones de tiempo. Pero aquí hay dos cosas que tal vez quieras tener en cuenta. En primer lugar, como se ha indicado anteriormente, tienes que ser mucho más deliberado a la hora de crear interacciones en línea -en comparación con la enseñanza presencial-, y estar disponible para tus estudiantes justo antes -y justo después- de la clase es una forma fácil de hacerlo. En segundo lugar, recuerda que en un aula física no siempre podrías estar disponible para tus estudiantes durante mucho tiempo antes de la clase, porque alguien más pudiera estar ocupando el aula antes que tú. Pero en un aula virtual, esto no es una limitación. Si bien tú y tus estudiantes, por supuesto, tendrían que estar disponibles antes de que empiece la clase, ese tiempo previo es una gran oportunidad para relacionarte con ellos, construir un sentido de comunidad y maximizar las posibilidades de una clase productiva.

¿Qué hago antes de que empiece la clase?

Puedes hacer varias cosas para construir comunidad antes de que empiece la clase, entre ellas, formular preguntas para "romper el hielo", tocar música y hacer que los participantes se expresen de distintas maneras. A continuación, encontrarás ejemplos de cada una de estas actividades. Sea lo que sea que decidas hacer, te sugiero que tus objetivos sean simplemente estar presente, conectarte con tus estudiantes y crear oportunidades para que se conecten entre sí.

En la práctica 11.1 – Usando preguntas para "romper el hielo" antes de que comience la clase

Carrie Conaway enseña en la Escuela de Educación de Harvard y fue jefa de estrategia e investigación del Departamento de Educación Primaria y Secundaria de Massachusetts (DESE). Ella abre su sesión en vivo unos minutos antes de que empiece la clase, da una cálida bienvenida a los estudiantes cuando se incorporan, les hace una pregunta para "romper el hielo" (por ejemplo, ¿qué personaje de *Juego de Tronos* te gustaría ser y por qué?) y los anima a responder oralmente o a través del chat.

En la práctica 11.2 – Usar la música antes de que empiece la clase

Teddy Svoronos, docente de la Escuela Kennedy de Harvard durante el día y músico de jazz por la noche, ama la música. Y comparte su amor por la música con sus estudiantes tocando canciones de una lista de reproducción (*playlist*) de *Spotify* que creó para su clase. Además, invita a los estudiantes a contribuir con esta lista de reproducción, una de las cosas que sus estudiantes crean -como una comunidad- en su clase. También anima a los estudiantes a escribir algo en el chat antes de que empiece la clase. Fíjate en la diapositiva que aparece más adelante: es la primera que les muestra a sus estudiantes antes de la clase. Para aprender a compartir la música con tus estudiantes durante una sesión en vivo, revisa más adelante la sección "Consejos técnicos".

Figura 11.1 – Ejemplo de diapositiva que invita a los estudiantes a chatear antes de que empiece la clase

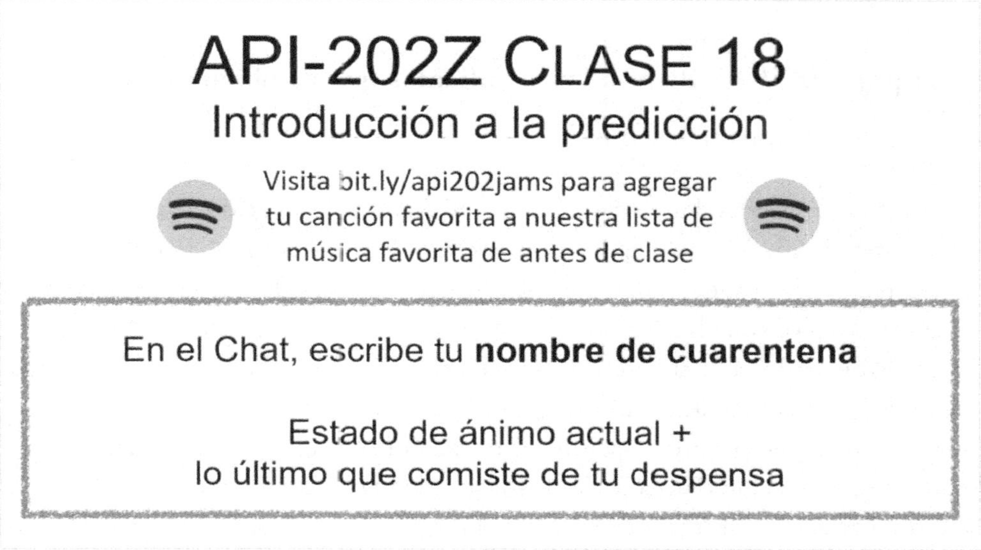

11.2 Prácticas para construir comunidad durante la clase

Algunas de las prácticas utilizadas para fomentar un sentido de comunidad durante una clase en un aula física pueden utilizarse también en un aula virtual. Por ejemplo, conocer a tus estudiantes y conectarte con lo que traen a la clase puede ayudarlos a aprender más profundamente y crear comunidad. Proporcionar oportunidades para que los estudiantes interactúen entre sí en las sesiones de grupos pequeños (consulta el capítulo 6) es otra forma eficaz de avanzar tanto en el aprendizaje como en la creación de comunidad. Tener un ritual al final de la clase (por ejemplo, que todos activen su micrófono y digan algo; o que todos escriban algo en el chat) también puede ayudar a crear comunidad. Y después de que la clase termine oficialmente, considera la posibilidad de quedarte un tiempo extra para que tus estudiantes participen en conversaciones informales y/o participen en sesiones de grupos pequeños informales. Hacerlo es una manera de ofrecerles oportunidades fáciles de socializar con los demás. Las secciones "En la práctica" que aparecen más adelante ofrecen otras ideas para crear comunidad en línea durante la clase.

En la práctica 11.3 – Pedir a los estudiantes que cambien de nombre y usar las sesiones de grupos pequeños

Anna Shanley, Maddie Meister y James Brockman trabajan en Educación Ejecutiva en la Escuela Kennedy de Harvard, donde los participantes provienen de todo el mundo. En los programas en línea en los que están involucrados, piden a los participantes, antes de que las clases empiecen, que se renombren en Zoom (consulta la sección "Consejos técnicos" en el capítulo 10 para instrucciones sobre cómo hacerlo) usando la siguiente estructura: "nombre y apellido; ubicación; organización; cargo" (por ejemplo, "Anna Shanley; Cambridge, MA; Director de Programa HKS"). Esto permite a los participantes y docentes ver información sobre cada uno de ellos en la pantalla, lo que ayuda a que se conozcan entre sí más rápidamente de como sucedería de otra manera. Esta práctica también permite al docente utilizar la información antes o durante su enseñanza (por ejemplo, "Mary, me enteré de que hay una ola de calor en Arizona; ¿cómo estás?" o "Sarah, dada tu formación en finanzas, ¿qué harías si alguien te presentara esta propuesta financiera?). Para instrucciones sobre cómo cambiar el nombre en Zoom, revisa la sección "Consejos técnicos" en el capítulo 10.

Anna, Maddie y James también usan las sesiones de grupos pequeños de manera muy efectiva en sus programas. La asignación de participantes para algunas de las sesiones de grupos es aleatoria (lo que permite a los participantes relacionarse entre sí) y para otras es deliberada (lo que permite a los participantes conocerse mejor y producir material que pueden compartir con la clase). Cuando utilizan la asignación aleatoria, suelen indicar a los participantes que se presenten una vez que estén en su sesión de grupo pequeño y respondan a una pregunta para "romper el hielo" (ve la siguiente diapositiva de ejemplo). Para que te hagas una idea de lo que han podido lograr, fíjate en lo que dijo un participante al final de uno de los programas: "He asistido a un curso en el campus, y me di cuenta de que me relacioné con más compañeros de clase en este entorno [virtual] que en uno presencial; los debates en las sesiones para grupos pequeños fueron muy valiosos, ya que pude conectar con personas con las que de otro modo no sabría que tengo tanto en común".

Figura 11.2 – Muestra de diapositiva que da a los estudiantes instrucciones antes de enviarlos a las sesiones de grupos pequeños

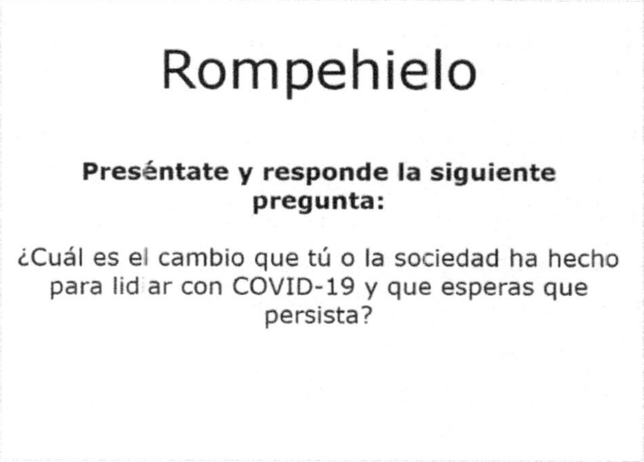

En la práctica 11.4 – Usando preguntas sobre una experiencia común al principio de la clase

Zoe Marks, profesora de la Escuela Kennedy de Harvard, comienza cada sesión con un poema en la pantalla (no leído en voz alta) y con una pregunta inicial. "Algunos días pregunté qué cosas buenas deseaban que salieran de la crisis de la pandemia; otros días pregunté por qué estaban tristes o enfadados; otros días qué les daba esperanzas; y a veces les pedí que nombraran a cualquiera que quisieran mantener en sus/nuestros pensamientos. Esto proporcionó un 'rompehielos' a partir de nuestra experiencia común, mientras hacía espacio para las circunstancias específicas de las personas y de su necesidad de ser vistas o estar en silencio, pero en comunidad con otras que experimentaban desafíos", cuenta Zoe.

En la práctica 11.5 – Pasar lista interactivamente para crear comunidad

Kathy Pham enseña un curso sobre Gestión de Productos y Sociedad en la Escuela Kennedy de Harvard, y utiliza una variedad de herramientas para crear comunidad en su clase. Al principio de cada sesión, pide a sus estudiantes que escriban en un Documento de Google su nombre, sus pronombres de preferencia, su ubicación y su respuesta a una pregunta formulada para esa clase. La pregunta puede ser sobre el material de esa sesión (ver ejemplo a continuación) o una pregunta más social (por ejemplo, nombre de tu banda musical favorita, tu comida favorita de la infancia, etc.). Si la pregunta está relacionada con el material de esa clase, Kathy a veces invita a participar durante la clase a algunos de los estudiantes que respondieron esa pregunta inicial. A veces, comienza la clase pasando lista de forma interactiva en la que lee los nombres de sus estudiantes, y ellos responden con lo que escribieron en el Documento de Google. Kathy comenta sobre su práctica: "Hice esto porque quería que todos se sintieran 'vistos', y era lindo escuchar los nombres de las personas y oírlos responder". Beatriz Vasconcellos, una de las estudiantes de la clase de Kathy, comentó que esta suerte de pasada de lista interactiva "ayudó a que los estudiantes se involucraran en la clase desde el principio y a construir comunidad". Ve a continuación un ejemplo del uso de esta técnica en una de sus clases.

Figura 11.3 – Kathy Pham utiliza un Documento de Google para crear una lista interactiva

Miércoles, 15 abril de 2020

Añádete al Documento de Google:

(Llamaré a algunos de ustedes para discutir la asociación de productos a continuación)

Nombre | pronombres | ubicación actual | Nombra una asociación de productos interesante (dos productos, equipos, empresas, etc., que se unieron para mejorar un producto)

Evan Collins | they/them | Somerville, MA | Starbucks + Spotify
Scarlet Roman | she/her/hers | Allston, MA | Most stores + Apple Pay
Kimora Christensen | ellos/ellas | Los Angeles, CA | CVS y Target
Karla Hamilton | she/her | Cambridge, MA | Pokemon + Niantic
...
Hannah Chang | she/her | Taipei, Taiwan | EVA Airlines + Hello Kitty
Nicodemo Blanco | he/him | Florida | Apple + Google COVID
Katelyn Hanson, she/her, Lakewood, CO, Cover Girl + Lucasfilm.
Claudia Cochran | Cambridge, MA | Samsung y Google
Chloe Frost | she/her | Cambridge, MA | Spotify y Hulu
Pascual Carrasco | Cambridge, MA | Lyft + Capital One

Nota: Los nombres de los estudiantes han sido cambiados para proteger la confidencialidad.

En la práctica 11.6 – Construir comunidad durante la clase, un pequeño gesto a la vez

Allison Shapira, quien enseña cursos de comunicación en la Escuela Kennedy de Harvard, hace muchas pequeñas cosas para construir una comunidad en su aula. Así es como enmarca sus esfuerzos: "En mi investigación para prepararme para enseñar virtualmente en Harvard, encontré que una de las mayores razones por las que los estudiantes abandonan los cursos en línea es un sentimiento de soledad y aislamiento, así que comienzo cada clase pidiendo a los estudiantes que saluden en el chat y que digan cómo está el clima (o el estado de ánimo) en su país o ciudad. Luego, puede que llame a alguien 'en frío' para que active su micrófono para responder. También aprendo a saludar a los estudiantes en su propio idioma, algo que siempre les hace sonreír. Para mantener la atención de los estudiantes, estoy de pie mientras enseño y mantengo el lente de la cámara a la altura de los ojos, para poder crear y transmitir energía a mis estudiantes a través del lente de la cámara. Cuando las cosas van mal, me río de la situación y muestro a los estudiantes que puedes reírte cuando las cosas van mal. Utilizo la 'Vista de Galería' para poder ver las reacciones de los estudiantes; si veo a uno de los hijos de mis estudiantes en el encuadre, podría detenerme y decir: 'Steve, ¿es tu hija pequeña? ¡Es hermosa!'. Esto hace que el estudiante se sienta 'visto' y que los otros estudiantes sientan que les estoy prestando atención".

11.3 Prácticas para construir comunidad fuera de la clase

Mucha de la construcción de comunidad ocurre fuera de la clase sin tu intervención. Los estudiantes podrían crear grupos de WhatsApp o Slack para interactuar entre ellos. Podrían organizar fiestas, cenas, salidas y otros eventos (virtualmente o en persona). Y tu escuela o institución podría organizar eventos para tus estudiantes, como sesiones de orientación, oradores invitados, talleres, etc. Estos esfuerzos de construcción de comunidad no eliminan la necesidad de pensar en construir una comunidad fuera de la clase, pero estar al tanto de ellos podría ayudarte a determinar dónde enfocar tus energías. Por ejemplo, dedicar parte de una sesión de clases a que tus estudiantes se presenten entre sí, no tiene sentido si ya lo han hecho en un evento organizado por tu institución. A continuación, se presenta un ejemplo de los tipos de actividades que pueden realizarse fuera de la clase para crear comunidad.

En la práctica 11.7 – Construir comunidad fuera de la clase

Dana Born, Horace Ling, Keisha Mayers, Susan Tuers y Cindy Wong dirigieron recientemente un programa de educación ejecutiva en línea de 4 semanas, en la Escuela Kennedy de Harvard. El programa es intenso, y usaron creativamente un número de actividades para ayudar a construir comunidad. "Uno de los mayores retos de la educación virtual es la dificultad de crear comunidad y una red de contactos. Cuando hablamos con los posibles participantes, la preocupación más común es que no podrán relacionarse con los docentes y con sus compañeros de clase al nivel que lo harían durante un programa presencial", reportó Horace.

Aun así, tuvieron éxito en la construcción de comunidad organizando múltiples actividades, cada una de las cuales atrajo a diferentes participantes. He aquí algunas de ellas:

- Carrera de 5 Kilómetros en línea – Los participantes fueron a correr, haciendo de vez en cuando una pausa para compartir vídeos/fotos. Muchos de los que no corrieron también disfrutaron y observaron la carrera. Los participantes estaban en Washington, DC; Seattle, Washington; Ottawa, Canadá; Lexington, Massachusetts; y Provincetown, Massachusetts.
- Show de talentos en línea – Los participantes se ofrecieron como voluntarios para cantar, hacer yoga, contar chistes y compartir otros talentos.
- Tutoría en línea – A cada participante se le asignó un mentor con quien reunirse.
- Show de cocina en vivo/Redes con exalumnos – Los participantes cocinaron junto con el Director de Operaciones Culinarias de Harvard. Después, almorzaron entre ellos y con los exalumnos que fueron invitados a sumarse.

- Grupos de afinidad (organizados por los participantes) – Se formaron a partir de temas sobre los que los participantes querían hablar y que también eran de interés para otros.
- Charlas de almuerzo con los profesores – Varios de los profesores se reunieron informalmente con los participantes durante una hora en el almuerzo.

Es posible que la lista anterior no sea directamente aplicable a tu caso, pero espero que te ayude a identificar algunas ideas de actividades que puedas utilizar para crear comunidad en tu curso.

Este capítulo termina con una sección "En la práctica", en la que se describe el enfoque y las numerosas prácticas para crear comunidad adoptadas por mi colega Marshall Ganz y su equipo docente. Aunque puede resultar difícil para muchos de nosotros alcanzar el excepcional sentido de comunidad de aprendizaje que Marshall ha logrado en sus clases virtuales, creo que todos podemos aprender de sus prácticas y adoptar algunas en nuestras sesiones.

En la práctica 11.8 – Construir comunidad en línea: un ejemplo de maestría

Marshall Ganz enseña cursos de liderazgo, organización y narrativa pública en la Escuela Kennedy de Harvard. Ha enseñado con éxito a miles de estudiantes en línea y, para mí, representa el máximo ejemplo de lo que se puede lograr en línea cuando el docente es tan intencional y deliberado como Marshall. Una de las prácticas en las que más se distingue es la construcción de comunidad. Su argumento es claro: "Puedes hacer en línea lo que sea que puedas hacer en un salón, siempre y cuando establezcas las relaciones". Para darte una idea de lo exitoso que es en la construcción de su comunidad virtual: en el último día de sus programas de aprendizaje en línea, los estudiantes -que normalmente se reúnen dos veces a la semana, durante varias semanas- hacen breves presentaciones sobre su aprendizaje, en los grupos con los que han estado trabajando a lo largo del programa. Hay risas, alegría, lágrimas, y una conexión emocional como pocas veces he visto en un aula. ¡Recuerda que estos son cursos en línea, y que la mayoría de estos estudiantes nunca se han visto en persona!

Marshall, a menudo, cuenta la anécdota de una estudiante de Noruega que tomó uno de sus cursos de narrativa pública en línea. Algún tiempo después, visitó la Escuela Kennedy y le pidió permiso para sentarse en una de sus clases presenciales sobre el mismo tema. Al final de la clase, Marshall le preguntó qué pensaba de la clase. Ella respondió: "Creo que en línea fue más íntima". Marshall quedó sorprendido por la respuesta e indagó. "Bueno, estoy sentada en un aula mirando las espaldas de todos. Pero en línea, veo las caras de todos, y puedo ver lágrimas, y puedo ver risas, y me doy cuenta de lo que soy parte", explicó la estudiante. Reflexionando sobre este encuentro, Marshall comenta: "Nuestros rostros comunican mucho de nuestro lenguaje emocional. Realmente me impactó; no es algo en lo que hubiera pensado antes. Pero es la verdad".

Describir todo lo que Marshall hace para lograr este sentido de comunidad en sus cursos está fuera del alcance de este libro, pero comparto algunas de las prácticas que identifiqué como cruciales:

- Establece fuertes normas comunitarias (ve más adelante la diapositiva de ejemplo).
- Reconoce, de entrada, que "nada será perfecto; todos estamos aquí para aprender. Somos socios en el aprendizaje", y honra ese principio pidiendo a los estudiantes una rápida retroalimentación (*feedback*) después de cada sesión de clase.
- Los estudiantes trabajan en grupos fijos para algunas actividades y en grupos aleatorios para otras. Los grupos fijos ayudan a construir comunidad; los aleatorios ayudan a construir redes de contactos.
- A los grupos se les pide que establezcan sus propias normas, su nombre y su himno. Esto ayuda a que los estudiantes se sientan responsables ante sus compañeros.
- Cada miembro del equipo de enseñanza es responsable del aprendizaje de su propia sección (unos veinte estudiantes). Se reúnen individualmente con cada estudiante, facilitan la discusión, aconsejan a los estudiantes y evalúan su rendimiento. Trabajan con la misma sección durante

todo el curso, guían el aprendizaje, mantienen la motivación y facilitan el sentido de responsabilidad de los compañeros entre sí.

- Lleva a cabo una facilitación altamente estructurada en la que se estimula a todos los estudiantes a participar de formas muy variadas.

- Termina la clase pidiendo a todos que activen sus micrófonos y aplaudan.

Marshall es extremadamente generoso a la hora de compartir las lecciones de lo que ha hecho. El sitio web complementario tiene enlaces a varios de sus recursos, incluyendo una presentación de vídeo que dio sobre sus prácticas de enseñanza en línea.

Figura 11.4 – Diapositiva de Marshall Ganz que resume el uso de las normas de la comunidad

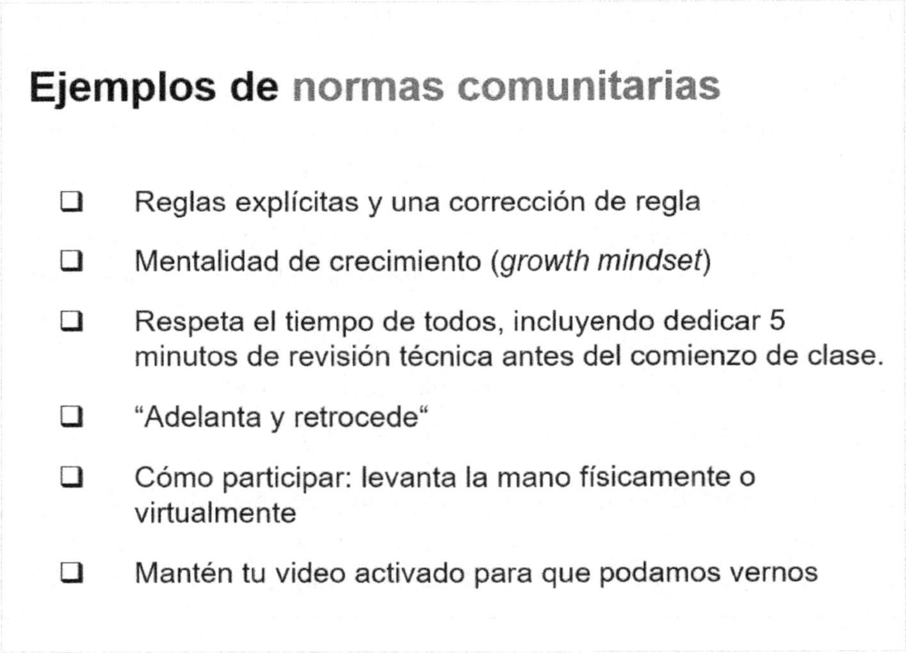

Consejos técnicos

- Para reproducir música para tus estudiantes en Zoom, tienes dos opciones: la primera consiste simplemente en reproducir música sin compartir nada más; la segunda consiste en compartir música mientras estás compartiendo algo más (por ejemplo, una diapositiva).

- Opción 1: Compartir música y nada más.

  - Haz clic en "Compartir pantalla" en la barra de herramientas principal de Zoom.
  - Haz clic en "Avanzado".
  - Haz clic en "Solo el sonido de computadora".
  - Haz clic en "Compartir".

Figura 11.5 – Compartir música -y nada más- con tus estudiantes en Zoom

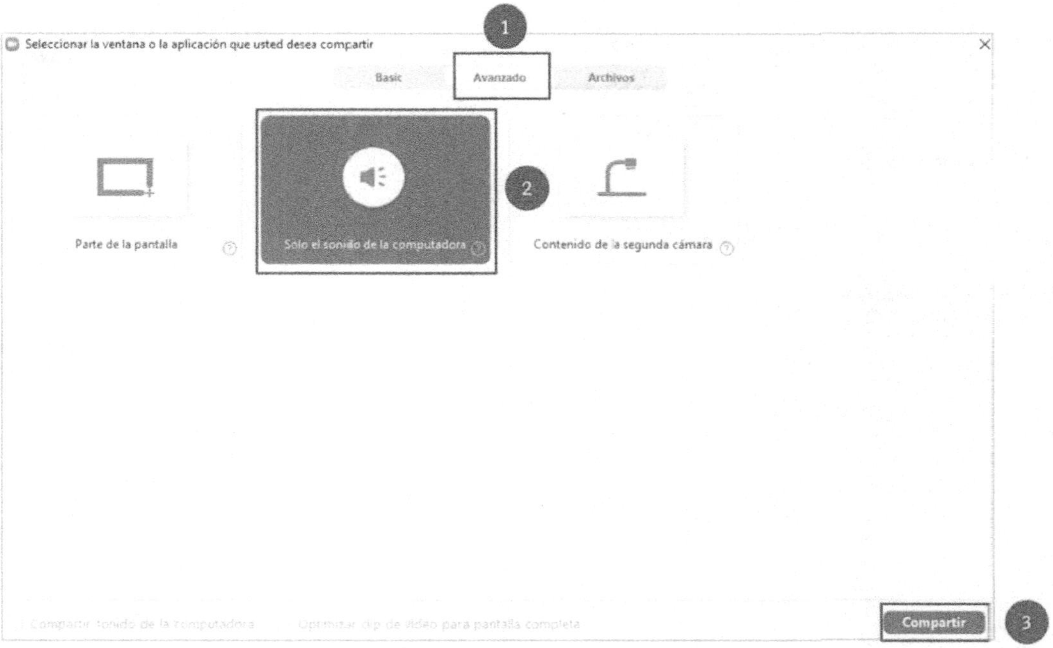

- Opción 2: Compartir música y algo más (por ejemplo, una diapositiva).
    - Haz clic en "Compartir pantalla" en la barra de herramientas principal de Zoom.
    - Haz clic en el otro material que quieras compartir (por ejemplo, Powerpoint, Keynote, etc.).
    - Marca "Compartir sonido de computadora" en la parte inferior.
    - Haz clic en "Compartir".

Figura 11.6 – Compartir música -y algo más- con tus estudiantes en Zoom

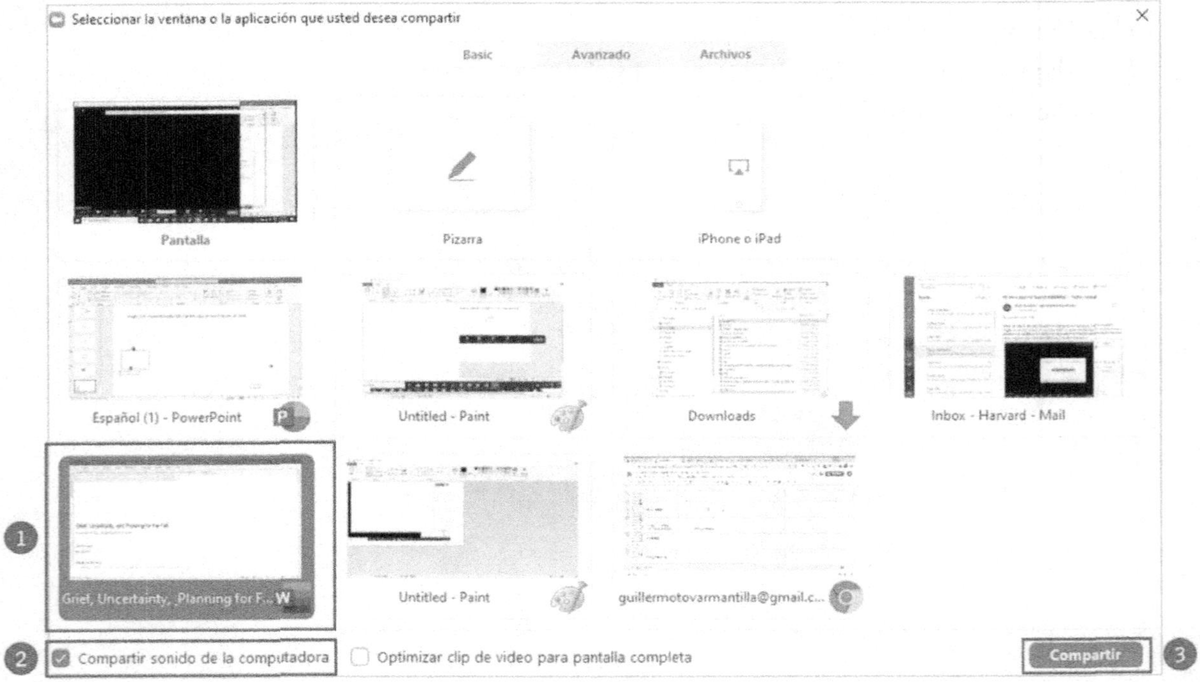

Resumen del capítulo

- Crear o construir un sentido de comunidad es crucial para lograr una exitosa experiencia de aprendizaje en línea.
- Tienes que ser mucho más deliberado a la hora de construir comunidad en línea que en persona.
- Construir una comunidad supone:
  - Fomentar oportunidades para que los estudiantes se relacionen contigo
  - Fomentar oportunidades para que los estudiantes se relacionen entre sí
  - Involucrar a los estudiantes en la construcción de la comunidad de aprendizaje
- Piensa en lo que puedes hacer para construir comunidad:
  - Antes de la clase
  - Durante la clase
  - Fuera de la clase
- El elemento más importante de la construcción de comunidad es fomentar la conexión humana. Las actividades particulares que empleas para tal fin son menos importantes que tu deseo de conectar genuinamente.

Resumen del capítulo

Capítulo 12 – Próximos pasos

Este capítulo final proporciona algunos consejos para ayudarte a integrar lo que has aprendido, y te ofrece algunas ideas para organizar tus próximos pasos. A continuación, se presentan algunas de las lecciones clave que espero que hayas tomado del libro. Antes de que las revises, te sugiero que te tomes 5 minutos para escribir las ideas clave que tú, particularmente, encontraste en el libro. Si tomaste notas mientras leías, esta podría ser una oportunidad para añadir ideas que hayas tenido recientemente. Hacer esto, te ayudará a internalizarlas mejor que si, simplemente, lees de inmediato la lista que aparece a continuación, y aumentará la probabilidad de que pongas en práctica tus ideas.

Parte I: Ideas clave – Resumen

- La transición de un aula física a una virtual representa una pérdida. Reconocer esta pérdida es importante.
- Enseñar en línea, al igual que en un aula física, debe centrarse en el aprendizaje de tus estudiantes. La tecnología, incluyendo Zoom, es sólo el vehículo para alcanzar tus objetivos.
- Piensa en qué principios pedagógicos rigen tus prácticas de enseñanza, y en cómo aplicar mejor estos principios en el diseño y la enseñanza de tus clases virtuales en vivo.
- Los principios pedagógicos clave que fundamentan las prácticas y consejos avanzados en este libro son:

(1) Céntrate en el estudiante.

(2) Planifica basándote en el aprendizaje activo.

(3) Empieza con el final en mente.

(4) Usa la enseñanza en línea aprovechando sus ventajas comparativas.

(5) Los docentes se forman, no nacen.

Parte II: Formas en las que tus estudiantes pueden participar – Resumen

- Hay más formas de involucrar a tus estudiantes en un aula virtual que en una física. Aprovecha esta ventaja para alcanzar tus objetivos.

- Formas clave en las que tus estudiantes pueden participar (la herramienta de Zoom correspondiente está especificada entre paréntesis):

    - Hablar (Levantar las manos)
    - Votar (Votación)
    - Escribir (Chat)
    - Trabajar en grupo (Sesiones de grupos pequeños)
    - Compartir su trabajo (Compartir pantalla)

- Las conversaciones tienden a tomar más tiempo en un aula virtual que en una física. Ten esto en cuenta cuando planifiques tu clase.

- Las votaciones pueden ser una herramienta muy útil para involucrar a los estudiantes, evaluar su nivel de conocimiento y enseñar de una manera más flexible.

- El chat es una forma muy rápida y eficiente de averiguar lo que están pensando tus estudiantes, pero si decides usarlo, obtendrás más beneficios si estableces y comunicas claramente sus normas de uso.

- Hay muchos beneficios de tener a los estudiantes trabajando en grupos pequeños durante parte de tus clases virtuales en vivo. Para que esto funcione bien, es fundamental ser explícito sobre la tarea que quieres que realicen (por ejemplo, responder a una pregunta, producir un documento de entrega, etc.) y el tiempo del que disponen.

- Cuando le pidas a tus estudiantes que realicen un trabajo, piensa en los beneficios potenciales de que algunos lo presenten en una clase virtual en vivo, y en las formas en que pueden hacerlo de manera más eficaz.

Parte III: Formas en las que tu puedes participar – Resumen

- Puedes usar Zoom para presentar diapositivas, videos, sitios web (a través de tu navegador de Internet) y prácticamente cualquier cosa que tengas en tu computadora.
- Recuerda que presentar diapositivas durante mucho tiempo -sin que los estudiantes participen en el proceso de aprendizaje- probablemente no sea muy efectivo. Planea interacciones cada ciertos minutos de clase.
- Ten en cuenta que en el momento en que compartas las diapositivas, es probable que ocupen una gran parte de la pantalla y de la atención de tus estudiantes. Escoge el momento con criterio y deja de compartirlas en los segmentos de la clase donde no las necesites.
- Cuando hagas una presentación, trata de mantener la mirada en tus estudiantes y no en tus diapositivas. Se te hará más fácil hacerlo si tienes acceso a un segundo monitor.
- Anotar para explicar tus ideas y/o grabar los comentarios de los estudiantes puede hacer que tus clases sean mucho más dinámicas, impactantes y efectivas.
- Para decidir qué herramienta utilizar para anotar, es útil evaluar si deseas tomar notas a mano o con el teclado.
- Haz una prueba previa de las herramientas para decidir qué te funciona y -antes de usarlas en la clase- pruébalas con amigos o colegas para hacer los ajustes necesarios.

Parte IV: Juntando todo – Resumen

- Las clases virtuales en vivo son sólo una parte del gran ecosistema de aprendizaje en línea.
- Piensa que el trabajo de tus estudiantes se divide en dos categorías:
    - Sincrónica: tú y tus estudiantes se reúnen en una sesión en vivo (Zoom).
    - Asincrónica: tus estudiantes interactúan con el material en su propio tiempo (antes y/o después de tu sesión en vivo).
- Hay dos decisiones clave en el ecosistema de aprendizaje en línea:
    - Decisión clave #1 – ¿Cómo debes dividir tu contenido en materiales sincrónicos y asincrónicos?
    - Decisión clave #2 – ¿Cómo debes aprovechar el aprendizaje asincrónico para ayudarte a realizar mejores sesiones sincrónicas?
- Establecer un sentido de comunidad es importante en general, pero aún más importante en la enseñanza en línea.
- Crear una comunidad en línea requiere un esfuerzo más deliberado que en persona.
- Piensa en lo que puedes hacer para fomentar el sentido de comunidad antes, durante y fuera de la clase.

12.1 Próximos pasos

Los próximos pasos en tu jornada de enseñanza en línea dependen, en parte, de dónde estés:

1. Antes de comenzar tu curso en línea
2. Durante tu curso en línea
3. Después de tu curso en línea

A continuación, se presentan algunas ideas para cada una de estas etapas.

1 – Antes de comenzar tu curso en línea

Mis tres recomendaciones clave para prepararse para un curso en línea son:

- Practica.
  - Practica con Zoom, a solas.
  - Haz uno o más ensayos de tu primera clase con un grupo de amigos o colegas y obtén retroalimentación. Hacerlo te ayudará a identificar una serie de oportunidades de mejora (ve la lista de ejemplos a continuación).
  - Ajusta tus prácticas de enseñanza, tu espacio físico y tus configuraciones de Zoom.

Tabla 12.1 – Lista de ejemplos de problemas que podrías descubrir en tu ensayo general y posibles formas de abordarlos

Retroalimentación recibida	Forma de abordarlo
No podemos ver bien tu cara.	• Juega con la iluminación de tu habitación (por ejemplo, añade una lámpara). • Considera la posibilidad de conseguir una mejor cámara o de usar tu teléfono para transmitir tu vídeo.
No estás haciendo contacto visual con nosotros.	• Ajusta la configuración de tu escritorio físico para que sea más fácil mirar a la cámara. • Cambia la forma en que organizas las ventanas de Zoom para que sea más fácil mirar a la cámara. • Cambia la ubicación de la cámara (si es portátil).
No notaste que tenía la mano levantada por unos minutos.	• Asegúrate de que la lista de participantes esté siempre visible para ti (hacerlo es más fácil cuando tienes un segundo monitor). • Entrénate para chequear constantemente la lista de participantes.
Las instrucciones para nuestra sesión de grupos pequeños no estaban claras.	• Investiga lo que no estaba claro. • Crea una diapositiva con instrucciones que aborden lo que no estaba claro.

Parecías agotado al principio de la sesión	• Considera la posibilidad de desarrollar una rutina previa al comienzo de la clase: inicia la sesión en línea antes que los demás, prueba tu equipo y prueba las cosas que planeas hacer, de modo que cuando tus estudiantes lleguen estés listo para interactuar con ellos. • Si puedes, intenta que alguien te ayude con algún aspecto de la tecnología (por ejemplo, supervisar el chat).
Tu nivel de energía parecía bajo.	• Considera cambiar la forma en que organizas tu espacio físico para aumentar las posibilidades de proyectar tu energía. En general, es preferible estar de pie que sentado cuando das clases.
Nuestra sesión de grupos pequeños terminó muy repentinamente.	• Ajusta la configuración de Zoom para que los estudiantes reciban un aviso de un minuto antes de que la sesión de grupos pequeños termine.
No pudimos ver lo que estabas escribiendo en tu pizarra.	• Considera mover la pizarra para estar más cerca de la cámara. • Considera la posibilidad de conseguir mejores tizas/marcadores. • Considera el uso de alguna otra tecnología para anotar (la pizarra virtual que ofrece Zoom, una tableta, etc.).

- Establece normas para tus estudiantes.
  - Desarrolla normas sobre cómo los estudiantes participarán en tu clase en línea. Consulta la tabla y los ejemplos de diapositivas que están a continuación (las diapositivas también están disponibles en el sitio web complementario).
  - Si planeas utilizar el chat, asegúrate de establecer algunas normas en torno a su uso.
  - Piensa en lo que harás cuando las normas se violen la primera vez.

Tabla 12.2 – Normas relacionadas con Zoom

Aspecto	**Mis normas***
Cómo hablar en clase	• Usa "Levantar la mano" para indicar que quieres hablar. • Usa "Bajar la mano" después de haber hablado o si ya no quieres hablar. • Activa tu micrófono antes de hablar, y luego ponlo en silencio.
Uso del chat	• Úsalo en privado para pedir apoyo técnico a una persona previamente designada. • Úsalo públicamente sólo para preguntas/comentarios directamente relacionados, en ese momento, con la discusión en clase. • Haré una pausa en varios momentos de la clase para revisarlo.

Uso de audio	• Utiliza "Silencio" en tu micrófono a menos que quieras hablar al resto de la clase. • Recuerda "Activar tu micrófono" cuando quieras hablar. • Si es posible, usa unos audífonos para mejorar la calidad del audio.
Uso de video	• A menos que tengas una buena razón para no hacerlo, por favor mantén tu video encendido para que puedas ser visto por tus compañeros y por mí.
Sesiones de grabación	• Grabaré las clases para ustedes y para mí, pero no deben ser compartidas con nadie más. • Si no puedes venir a una sesión en vivo, mira la grabación y responde a las preguntas del debate.
Hora de inicio	• Abriré el aula virtual 10 minutos antes de la hora oficial de inicio.
Hora de finalización	• Terminaremos la clase a tiempo. • Me quedaré en la reunión de Zoom unos 15 minutos extra y estaré disponible para cualquiera que desee tener una discusión informal de seguimiento o simplemente quiera charlar un poco. Esto es completamente opcional.

* No se trata de representar cuáles son las normas correctas para ti, sino más bien de darte ideas concretas del tipo de cosas sobre las que deberías ser explícito cuando establezcas y comuniques tus normas relacionadas con Zoom.

Figura 12.1 – Ejemplo de diapositiva de normas para comenzar tu sesión en vivo

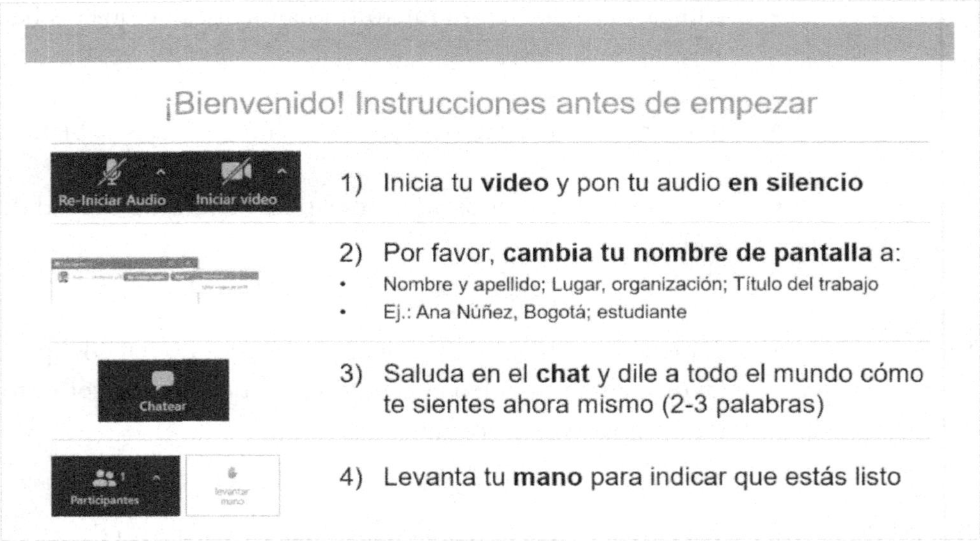

Figura 12.2 – Ejemplo de diapositiva para las normas relacionadas con el uso de las funciones de Zoom

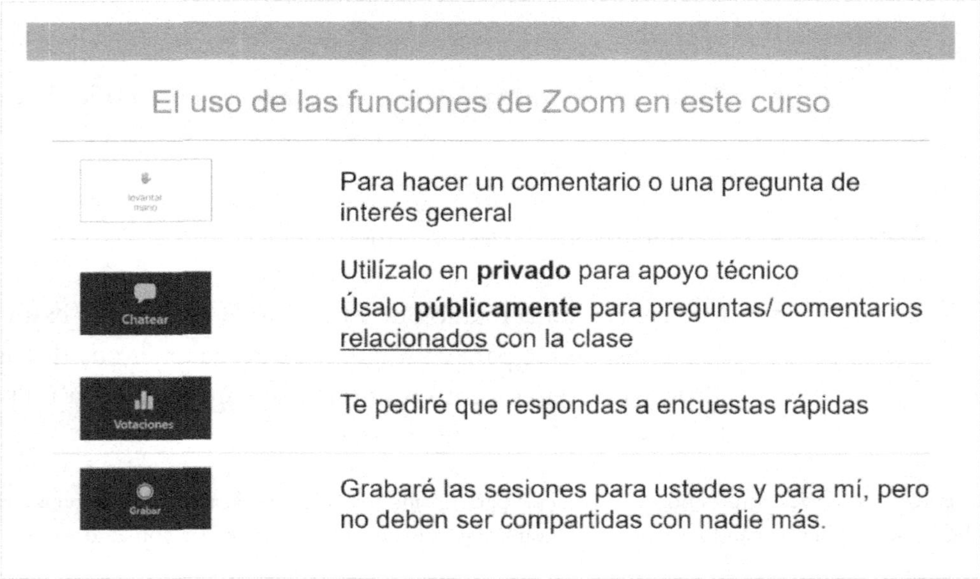

- Si es posible, busca ayuda.
  - Hay muchas cosas que hay que tener en cuenta cuando estás enseñando con Zoom. Si puedes hacer que alguien te ayude durante tus sesiones en vivo (idealmente un asistente de enseñanza, pero podría ser un colega o incluso un estudiante), todo el proceso será más manejable.
  - Algunas funciones posibles para tu ayudante podrían ser:
    - Asistir a los estudiantes cuando tienen problemas técnicos
    - Dirigir las sesiones de grupos pequeños
    - Monitorear el chat
    - Alertarte sobre problemas de los que no estás al tanto (estás en silencio, las diapositivas no se proyectan, etc.)
    - Iniciar votaciones

<u>2 – Durante tu curso en línea</u>

- Haz que un colega te observe mientras enseñas y pídele que te dé su opinión. Consulta el ejemplo de retroalimentación que se muestra a continuación, para que te hagas una idea del tipo de cosas que puedes aprender en tu doble rol de observador y de observado.
- Observa a un colega dando clases. Aprende de él y dale retroalimentación, si lo desea.
- Pide retroalimentación de tus estudiantes para ver cómo van las cosas. Puedes hacerlo con una encuesta anónima.
- Recopila "evidencia" sobre lo que tus estudiantes están aprendiendo.
- Haz ajustes basados en la retroalimentación y la evidencia que reúnas.
- Evalúa si tus normas relacionadas con Zoom y otras normas necesitan ser ajustadas.

- Escribe algunas reflexiones después de cada clase sobre lo que ha ido bien y lo que se podría mejorar. ¡Esto te ayudará a enseñar mucho mejor la próxima vez!

Tema: Retroalimentación

Querida Jane:

Muchas gracias por la oportunidad de dejarme observarte enseñar y aprender de ti. Tal como lo solicitaste, a continuación, encontrarás algunos comentarios que espero puedan ser útiles para ti. Gracias de nuevo y saludos,

Dan

======

Fortalezas

- Una clase muy bien organizada donde el tiempo se usó de manera muy productiva. Un ejemplo: haberle dicho a los estudiantes en el chat "La clase comenzará en dos minutos" fue una excelente forma de asegurarse de que todos estuvieran listos para empezar.

- Le diste una cálida bienvenida a tus estudiantes.

- Gran uso de las "hojas de ruta". Les decías constantemente a los estudiantes a dónde ibas, marcando las transiciones muy claramente. Esto parece particularmente importante en línea.

- Tienes una conversación con cada estudiante que participa. Buscas entender, indagar, investigar… lo que creo que lleva a los estudiantes a prepararse mejor para lo que planean decir.

- Uso de votaciones rápidas de sí/no, y poder llamar a un estudiante en función de su respuesta a la votación.
- Me gustó la idea de la pregunta para "romper el hielo" que utilizaste cuando enviaste a tus estudiantes a las sesiones de grupos pequeños. Me imagino que esto es muy efectivo en cursos donde los estudiantes no se conocen.
- Conoces a tus estudiantes y se nota (dando la bienvenida a un estudiante de la India, diciéndole a Jim que traiga su experiencia de educación superior, diciéndole a Ankur "estás en NY").
- Excelente cómo conectas entre sí los comentarios de los estudiantes.
- Te preocupas por tus estudiantes y se nota.

Observaciones/Sugerencias/Preguntas

- Es difícil hacer que los estudiantes participen en la discusión de un grupo grande. ¡Y mira que lo intentaste!
- Noté que después de las votaciones tendías a llamar a alguien que tenía la respuesta correcta. Esto parece excelente en términos de eficiencia -y probablemente ayuda a que la gente se sienta menos intimidada con la llamada en frío-, pero te proporciona menos oportunidades de aprender dónde están confundidos los estudiantes y cuáles son los principales malentendidos. Me pregunto si has pensado en llamar a los estudiantes que tienen la respuesta incorrecta antes de llamar a los estudiantes con la respuesta correcta.
- ¿Por qué la mayoría de la gente no tiene su video encendido?
- Hiciste varias preguntas que forzaron a los estudiantes a tomar una decisión entre dos opciones. Me pregunto si podrías transformar algunas de ellas en votaciones rápidas donde la gente pueda responder Sí/No, e interrogar a los estudiantes que eligieron cada una de las opciones.
- Me pregunto si podrías usar más las imágenes. Como la tabla 1, por ejemplo.

3 – Después de tu curso en línea

- Reflexiona sobre lo que ha ido bien y lo que se puede mejorar.
- Desarrolla un plan para la próxima vez.
- Observa a otros colegas dando clases. Aprenderás mucho.
- Piensa en los ajustes a tus normas relacionadas con Zoom que podrían ayudarte en la próxima sesión.
- Piensa en ajustes a tu tecnología y a tu espacio de trabajo que podrían hacer una gran diferencia en tu capacidad para enseñar y que entren dentro de tu presupuesto.

Ejemplo de lista de control para tus próximos pasos

- ❑ Practica. ¡Y mucho!
- ❑ Establece y/o ajusta las normas. Comunícalas claramente a tus estudiantes y haz que se cumplan.
- ❑ Observa a un colega dando clases.
- ❑ Haz que un colega te observe mientras enseñas y pide su opinión.
- ❑ Desarrolla una "lista maestra de control" (*master checklist*) que incluya todo lo que quieres tener frente a ti cuando enseñas una sesión en vivo. Piensa que será una página que vas a tener en tu escritorio o en la pared mientras das clase (consulta el sitio web complementario para un ejemplo).

- ❑ Experimenta y aprende de tu experimentación. Sé explícito con los estudiantes: diles que estás experimentando, recuérdales que la experimentación es necesaria para aprender y que a veces los experimentos no van a funcionar.

- ❑ No seas muy duro contigo mismo. Nada saldrá perfecto.

12.2 Para terminar

Espero que la lectura de este libro te haya permitido desarrollar algunas ideas que te ayuden a mejorar la forma en que enseñas las clases virtuales en vivo. Este era ciertamente mi objetivo. Si se te ocurren algunas ideas que crees que puedan ser de interés para otros, por favor, compártelas conmigo en el sitio web complementario, pues me encantaría ayudarte a compartirlas con otros (dándote el crédito a ti, por supuesto). A medida que pongas en práctica estas ideas, es probable que algunas funcionen bien y otras fracasen. Esto siempre está destinado a suceder cuando experimentamos con nuevas tecnologías y enfoques de enseñanza. Creo que eso está bien, siempre y cuando podamos aprender de nuestra experimentación. Y recordemos que la tecnología es sólo un vehículo para ayudarnos a alcanzar nuestros objetivos de aprendizaje. Como educadores, nuestra misión es ayudar a nuestros estudiantes a aprender, crecer y desarrollarse. ¡Qué profesión tan noble es la nuestra! Muchas gracias por tu tiempo.

Sobre el Autor

Dan Levy ha sido docente de la Universidad de Harvard durante más de 15 años, donde ha ocupado varios cargos relacionados con la promoción de la excelencia en la enseñanza y el aprendizaje. Actualmente es el director docente de la Credencial de Liderazgo Público, la iniciativa de aprendizaje en línea más importante de la Escuela Kennedy de Harvard. Fue cofundador de Teachly, una aplicación web destinada a ayudar a los miembros del profesorado a enseñar de forma más eficaz e inclusiva. Ha ganado varios premios de enseñanza, incluido el premio David Pickard de Enseñanza y Mentoría de toda la universidad. Es un apasionado de la enseñanza y del aprendizaje, y disfruta compartiendo su experiencia y entusiasmo con los demás.

Notas de este libro

1 Referencias generales para la enseñanza en línea

- Bates, A. T. (2018). Teaching in a digital age: Guidelines for designing teaching and learning.
- Boettcher, J. V., & Conrad, R. M. (2016). The online teaching survival guide: Simple and practical pedagogical tips. John Wiley & Sons.
- Caulfield, J. (2012). How to design and teach a hybrid course: Achieving student-centered learning through blended classroom, online and experiential activities. Stylus Publishing, LLC..
- Darby, F., & Lang, J. M. (2019). Small teaching online: Applying learning science in online classes. John Wiley & Sons.
- Nilson, L. B., & Goodson, L. A. (2017). Online teaching at its best: Merging instructional design with teaching and learning research. John Wiley & Sons.

2 Bruff, D. (2019). Intentional Tech: Principles to Guide the Use of Educational Technology in College Teaching. West Virginia University Press.

3 "The coronavirus allows us to reimagine the college experience" By Bharat Anand The Boston Globe, Updated June 8, 2020, 3:01 a.m.

4 Referencias sobre el aprendizaje activo

- Bransford, J. D., Brown, A. L., & Cocking, R. R. (2000). How people learn (Vol. 11). Washington, DC: National academy press.
- Deslauriers, L., McCarty, L. S., Miller, K., Callaghan, K., & Kestin, G. (2019). Measuring actual learning versus feeling of learning in response to being actively engaged in the classroom. Proceedings of the National Academy of Sciences, 116(39), 19251-19257.

- Freeman, S., Eddy, S. L., McDonough, M., Smith, M. K., Okoroafor, N., Jordt, H., & Wenderoth, M. P. (2014). Active learning increases student performance in science, engineering, and mathematics. Proceedings of the National Academy of Sciences, 111(23), 8410-8415.

- Michael, J. (2006). Where's the evidence that active learning works? Advances in physiology education.

- Prince, M. (2004). Does active learning work? A review of the research. Journal of engineering education, 93(3), 223-231.

5 Doyle, Terry (2008). Helping students learn in a learner centered environment: A guide to teaching in higher education. Sterling, VA: Stylus.

6 *A Nobel Laureate's Education Plea: Revolutionize Teaching*. Westervelt, Erich, April 14, 2016.

7 Wiggins, Grant, and McTighe, Jay. (1998). *Understanding by Design*. ASCD.

8 "The coronavirus allows us to reimagine the college experience" By Bharat Anand The Boston Globe, Updated June 8, 2020, 3:01 a.m.

9 "*What's that again? The intrinsic psychology of "Zoom fatigue"*," The Economist, May 16, 2020.

10 Los beneficios del tiempo de espera

- Cain, S. (2013). Quiet: The power of introverts in a world that can't stop talking. Broadway Books.

- Dolan, E; Collins, J. (2017). *We must teach more effectively: here are four ways to get started.* Molecular Biology of the Cell, 26(12)

- Reda, M. M. (2010). *What's the Problem With Quiet Students? Anyone? Anyone? The Chronicle of Higher Education.* https://www.chronicle.com/article/Whats-the-Problem-With-Quiet/124258

- Rowe, M. (2003). Wait-Time and Rewards as Instructional Variables, Their Influence on Language, Logic, and Fate Control: Part One – Wait Time. Journal of Research in Science Teaching.

- Ruhl, K. L., Hughes, C. A., & Schloss, P. J. (1987). *Using the pause procedure to enhance lecture recall.* Teacher education and special education, 10(1), 14-18.

- Schwegman, J. (2013). *Engaging introverts in class discussion–Part 2.* Stanford Teaching Commons, https://teachingcommons.stanford.edu/teaching-talk/engaging-introverts-class-discussion-part-2

- Tobin, K. (1980). *The Effect of an Extended Teacher Wait-Time on Science Achievement.* Journal of Research in Science Teaching, 17(5)

11 Beneficios de la votación

- Davis, B. G. (2009). *Tools for teaching.* John Wiley & Sons.

- McKeachie, W., & Svinicki, M. (2013). *McKeachie's teaching tips.* Cengage Learning.

- Prince, M. (2004). *Does Active Learning Work*? A Review of the Research. Journal of Engineering Education, 93(3), 223-231.

- Crouch, C. H., Watkins, J., Fagen, A. P., & Mazur, E. (2007). *Peer instruction: Engaging students one-on-one, all at once.* Research-based reform of university physics, 1(1), 40-95.E.

- Mazur, E. (1997). Peer *instruction: A user's manual.* Prentice Hall series in educational innovation.

12 Levy, Yardley and Zeckhauser, "*Getting an Honest Answer: Clickers in the Classroom*" Journal of the Scholarship of Teaching and Learning, Vol 17, No 4, October 2017.

13 Las referencias que sugieren que la mayoría de las personas no son buenas en *multi-tasking*:

- Ophir, E., Nass, C., & Wagner, A. D. (2009). *Cognitive control in media multitaskers.* Proceedings of the National Academy of Sciences, 106(37), 15583-15587.

- Sana, F., Weston, T., & Cepeda, N. J. (2013). *Laptop multitasking hinders classroom learning for both users and nearby peers.* Computers & Education, 62, 24-31. https://www.sciencedirect.com/science/article/pii/S0360131512002254

- Sanbonmatsu, D. M., Strayer, D. L., Medeiros-Ward, N., & Watson, J. M. (2013). Who multi-tasks and why? Multi-tasking ability, perceived multi-tasking ability, impulsivity, and sensation seeking. PloS one, 8(1), e54402.

- Ehrlinger, J., Johnson, K., Banner, M., Dunning, D., & Kruger, J. (2008). *Why the unskilled are unaware: Further explorations of (absent) self-insight among the incompetent.* Organizational behavior and human decision processes, 105(1), 98-121.

14 "If You Think You're Good At Multitasking, You Probably Aren't" January 24, 2013. NPR. https://www.npr.org/sections/health-shots/2013/01/24/170160105/if-you-think-youre-good-at-multitasking-you-probably-arent

15 Efectos positivos del trabajo en grupos

- Johnson, D.W., Johnson, R. T, & Smith, K.A. (1991a). *Active Learning: Cooperation in the College Classroom.* Edina, MN: Interaction Book Company.

- Johnson, D.W., Johnson, R. T, & Smith, K.A. (1991b). *Cooperative learning: increasing college faculty productivity.* Washington, D.C.: ASHE/ERIC Higher Education.

- McLeod, PL, SA Lobel, and TH Cox, Jr. 1996. *Ethnic diversity and creativity in small groups.* Small Group Research 27(2): 248-264.

- Michaelson, L.K. & Black, R.H. (1994). *Building learning teams: The key to harnessing the power of small groups in higher education.* In Collaborative Learning: A Sourcebook for Higher Education, Vol. 2, pp. 65-81. State College, PA: National Center for Teaching, Learning, and Assessment.

- Michaelson, L.K., Fink, L.D., & Knight, A. (1997). *Designing effective group activities: Lessons for classroom teaching and faculty development.* In D. Dezure (ed.) To Improve the Academy, Vol. 16, pp. 373-398. Stillwater, OK: POD Network.

- Oakley, B., Felder, R. M., Brent, R., & Elhajj, I. (2004). *Turning student groups into effective* teams. Journal of student centered learning, 2(1), 9-34.

16 Estrategia de aprendizaje colaborativo "Think-Pair-Share"

- Roediger III, H. L., & Karpicke, J. D. (2006). *Test-enhanced learning: Taking memory tests improves long-term retention.* Psychological science, 17(3), 249-255.

- Kaddoura, M. (2013). Think pair share: A teaching learning strategy to enhance students' critical thinking. Educational Research Quarterly, 36(4), 3-24.

- Bruffee, K. A. (1993). Collaborative learning: Higher education, interdependence, and the authority of knowledge. Baltimore, MD: Johns Hopkins University Press.

- Cabrera, A. F., Crissman, J. L., Bernal, E. M., Nora, A., Terenzini, P. T., & Pascarella, E. T. (2002). *Collaborative learning: Its impact on college students' development and diversity.* Journal of College Student Development, 43(1), 20-34.

- Davidson, N., & Major, C. H. (2014). *Boundary crossing: Cooperative learning, collaborative learning, and problem-based learning.* Journal on Excellence in College Teaching, 25 (3&4), 7-55.

- Dees, R. L. (1991). The role of cooperative leaning in increasing problem-solving ability in a college remedial course. Journal for Research in Mathematics Education, 22(5), 409-21.

- Gokhale, A. A. (1995). *Collaborative Learning enhances critical thinking.* Journal of Technology Education, 7(1).

17 Beneficios de hacer visible el aprendizaje

- Hattie, J. (2015). The applicability of Visible Learning to higher education. Scholarship of teaching and Learning in Psychology, 1(1), 79.

- Hattie, J., & Yates, G. C. (2013). Visible learning and the science of how we learn. Routledge.

- Krechevsky, M., Mardell, B., Rivard, M., & Wilson, D. (2013). *Visible learners: Promoting Reggio-inspired approaches in all schools.* John Wiley & Sons.

- Ritchhart, R., Church, M., & Morrison, K. (2011). Making thinking visible: How to promote engagement, understanding, and independence for all learners. John Wiley & Sons.

18 Doyle, Terry (2008). *Helping students learn in a learner centered environment: A guide to teaching in higher education.* Sterling, VA: Stylus.

19 La importancia de crear una comunidad en el aprendizaje en línea

- Garrison, D. R. (2016). E-learning in the 21st century: A community of inquiry framework for research and practice. Taylor & Francis.

- Nilson, L. B., & Goodson, L. A. (2017). Online teaching at its best: Merging instructional design with teaching and learning research. John Wiley & Sons.

- Boettcher, J. "*Ten best practices for teaching online.*" Quick Guide for New Online faculty (2011).